应用型本科高校“十四五”规划教材

DANPIANJI YUANLI YU YINGYONG KECHENG SHEJI

单片机原理与应用课程设计

主　编　王晓影

副主编　位　磊　郭　典　林　卫

華中科技大學出版社

http://www.hustp.com

中国·武汉

内容简介

本书从现代电子系统设计的角度出发，全部实验项目基于一个开放环境，而不局限于某一型号的单片机实验教学板，将各个实验模块逐步渗透到课程设计各项任务的实施之中。全书共包括三大部分内容：第一部分为概念篇，介绍单片机系统的技术及应用，以及单片机课程设计的概述与组织方式；第二部分为基础篇，选取了16个实验项目，重点介绍单片机主要基本功能模块的应用，内容完整性、应用性、实用性、趣味性并存，编排上由浅入深，循序渐进，引导读者在学习的过程中逐步提高单片机软硬件综合设计水平；第三部分为综合篇，基于实验项目综合提出了22个单片机课程设计项目，并以某一课程设计题目为例，详细介绍单片机课程设计的设计过程，为引导读者在完成课程设计的过程时起到一定的辅助作用。

本书可作为高等学校机电类、电气与电子信息类专业单片机教学的实验指导书和单片机原理与应用课程设计指导书，也可作为广大电子技术爱好者，在校机电类、电类工科大学生，以及单片机系统开发及应用相关人员的自学参考书。

图书在版编目(CIP)数据

单片机原理与应用课程设计/王晓影主编．—武汉：华中科技大学出版社，2021.8
ISBN 978-7-5680-7312-7

Ⅰ．①单…　Ⅱ．①王…　Ⅲ．①单片微型计算机-课程设计　Ⅳ．①TP368.1

中国版本图书馆CIP数据核字(2021)第158772号

单片机原理与应用课程设计　　王晓影　主编
Danpianji Yuanli yu Yingyong Kecheng Sheji

策划编辑：王汉江
责任编辑：朱建丽
封面设计：原色设计
责任校对：张会军
责任监印：周治超
出版发行：华中科技大学出版社(中国・武汉)　　电话：(027)81321913
武汉市东湖新技术开发区华工科技园　　邮编：430223
录　　排：华中科技大学惠友文印中心
印　　刷：武汉开心印印刷有限公司
开　　本：787mm×1092mm　1/16
印　　张：12.75
字　　数：314千字
版　　次：2021年8月第1版第1次印刷
定　　价：36.00元

前言

目前单片机已广泛应用于工业自动化、智能仪器仪表、机电一体化产品、实时工业控制、智能家用电器、武器装备、通信、多机应用和网络系统等领域。单片机技术是机电类和电信类学生及电子工程师必须掌握的一门技术。

单片机实验和单片机课程设计的重要性大家都很清楚。在大学里，一门课的学时有限，像单片机这门课，实验学时数最多是 24 学时，课程设计学时数是 32 学时。在实验过程中主要要完成：并行口（位、段）控制设计与应用、并行口（开关）控制设计与应用、中断系统设计与应用、定时器/计数器设计与应用和直流电动机 PWM 调速控制与应用这五个模块的任务。接下来进入课程设计阶段，共 32 学时，在这 32 学时中学生需从单片机课程设计 22 个设计项目中选出其中一个作为课程设计项目，达到课程设计的要求。给出的课程设计项目，基本上都是基于所提供的实验内容的基础即可完成的。在创新阶段，学生可将其他实验模块融入课程设计。另外，学生还可自己动手，在扩展板上搭建新的电路，对学生来说，这是一个极好的学习锻炼机会，如果做得好，将一生受益。这种方式突出学生在学习中的主体地位，能充分发挥学生学习的主动性与能动性。

全书内容如下。

（1）单片机集成功能模块的应用，其中每个实验模块都包含实验的基本要求、设计原理、设计与应用编程实例。

（2）综合设计性应用，包含实验的基本要求、设计原理、设计与应用编程实例和思考题。

（3）单片机系统项目设计，提供了 22 个设计项目，包含基本要求、扩展部分和创新设计，创新设计需由学生在完成基本要求和扩展部分之后，自行设计出新的内容，可参考除实验的五大模块内容之外的其他实验模块，将其融入课程设计项目。

本书由王晓影主编，负责全书的组织、修改和定稿；位磊、郭典、林卫为副主编，其中第一篇概念篇的 1.1 节、1.3 节、第 2 章、第二篇基础篇的 16 个实验项目、第三篇综合篇的第 6 章及附录 A 至附录 C 由王晓影编写，第三篇综合篇的第 5 章由王晓影、林卫、郭典和位磊共同编写，1.2 节由位磊编写。

本书的内容来自教学实践，把这些内容编辑成书的过程，是一个重新创作的过程。

编者

2021 年 7 月

目录

第一篇　概念篇

第二篇　基础篇

第三篇 综合篇

第一篇
概念篇

第1章 单片机原理与应用课程设计概述

为了进一步巩固学习的理论知识，增强学生对所学知识的实际应用能力和运用所学的知识解决实际问题的能力，教师应安排一些综合训练项目作为单片机应用系统的课程设计。通过课程设计使学生在巩固所学知识的基础上具有初步的单片机应用系统设计能力。课程设计应以实践教学环节为主，突出学生在学习中的主体地位，充分发挥学生学习的主动性与能动性。

单片机课程设计的主要内容包括理论设计、硬件电路设计、调试与仿真、撰写设计报告等。其中理论设计包括选择总体方案、硬件系统设计、软件系统设计。硬件系统设计包括总体电路、单元电路、选择元器件（计算参数）等。软件系统设计包括模块化层次结构图、程序流程图及程序设计，其中程序设计是课程设计的关键环节。通过调试进一步完善程序设计，使之达到课程设计任务所要求的指标，课程设计最后要求写出设计总结报告，将理论设计内容、调试过程及性能指标测试结果进行全面的总结。

1.1 为什么要安排课程设计

单片机原理与应用课程设计，是一门实践课程，要求学生具有制作调试单片机最小系统的外设能力，能够掌握单片机内部资源的作用。

单片机课程设计是对所学知识的一次综合运用，是为了加强学生自主学习，巩固学习成果，提高学生综合应用单片机技术的实践能力和创造思维，培养学生专业知识的综合应用能力。综合训练学生：通过理论学习、课题选择、资料查阅、软硬件设计、系统调试等环节，巩固和提高所学的知识和应用水平，进一步学习和领会单片机应用系统的开发方法和技巧，提高学生分析问题和解决问题的能力，提高学生的实际动手能力。让学生学会观察、提出问题和分析问题，使其得到最终的科学方法。培养学生团队合作精神，严谨的工作作风，务实的工作态度。为今后的工作及从事单片机控制系统的设计与维护奠定坚实的基础，与就业需求相接轨。

1.2 课程设计在学习过程中的作用

1. 有利于消化理论课堂所讲解的内容

学生在设计过程遇到各种各样的问题，同时在设计过程中发现自己的不足之处，对以前所学的知识理解得不够深刻，掌握得不够牢固，通过这次课程设计，巩固所学的知识。

2. 有利于逻辑思维的锻炼

在许多常规专业课的日常教学中，我们不难发现这样一个现象，不少学生的思维常常处于混乱的状态，知识点处于零散的状态，没有形成知识体系结构。通过课程设计环节，为学生建立理论课程的知识点框架结构。

3. 有利于与其他学科的整合

在程序设计中，可以解决其他学科有关问题，也可以利用其他课程的有关知识来解决单片机开发过程中比较抽象的、很难理解的知识点。

4. 有利于治学态度的培养

在课程设计过程中，程序设计环节的语句的语法和常量、变量的定义都有严格的要求，有时输入一个中文标点、打错一个字母，就不能通过编译，程序无法正常运行。因此，程序设计阶段，经常会犯这种类似错误，可能要通过几次乃至十多次的反复修改、调试，才能成功，但这种现象会随着学习的深入而慢慢得到改观。这当中既有对严谨治学的科学精神的培养，又有对不怕失败、百折不挠意志的锻炼。

要做好一个单片机原理与应用课程设计，就必须做到：在设计程序之前，对所用单片机的内部结构有一个系统的了解，知道该单片机内有哪些资源；要有一个清晰的思路和一个完整的总体程序流程图；在设计程序时，不能妄想一次就将整个程序设计好，反复修改、不断改进是程序设计的必经之路；要养成对程序进行注释的好习惯，一个程序的完美与否不仅仅是实现功能，而应该让人理解程序编写思路，这样也为资料的保存和交流提供方便；在课程设计过程中，遇到问题很正常，应该记录并分析每次遇到的问题。

1.3 项目设计的内容与组织方式

1.3.1 项目设计目的

通过应用各种集成电路完成规定的设计任务，加强学生对“单片机原理”课程所学知识综合运用的能力。

培养学生能将所学习的理论知识与实际应用结合起来的能力，而且能够对电子电路、电子元器件、印制电路板等方面进行加深认识，同时在软件编程、排错调试、相关仪器设备的使用技能等方面得到较全面的锻炼和提高，为学生今后能够独立进行某些单片机应用系统的开发设计工作做准备。

学生通过单片机的硬件设计和软件设计、安装、调试、整理资料等环节，初步掌握工程设计方法和组织实践的基本技能，逐步开展科学实践，为今后从事生产技术工作打下良好的基础；学会灵活运用已经学过的知识，并能不断接受新的知识，大胆发明创造。

1.3.2 项目设计要求

根据应用系统的要求，初步掌握总体结构设计的方法和构思，从中选择一种最佳设计方案，能较全面地应用课程中所学的基本理论和基本方法，完成从设计单元电路到设计简单系统的过渡；能独立设计规定的系统；根据任务要求和设计要求，首先画出程序的总体程序流程图和设计完整电路，然后进行各控制模块的程序设计；能独立地完成实施过程，包括调试和排除故障。

1.3.3　项目设计任务

(1) 根据单片机资源分配和使用，制订设计方案；

(2) 说明设计原理，画出设计电路图；

(3) 画出软件设计总体程序流程图；

(4) 画出各模块的程序设计流程图；

(5) 调试分析——系统调试中碰到的问题和解决方法；

(6) 写出课程设计报告。

课程设计报告的格式可参照以下目录所列出的要求，撰写课程设计报告。

目　录

1) 概述
2) 设计原理
3) 设计要求
4) 系统要求及功能模块
5) 设计思想
6) 设计方案
　①系统硬件电路图
　②系统软件总体程序流程图
　③各功能模块程序流程图
7) 系统检测与调试
　①硬件电路调试
　②软件各功能模块的调试
　③总调试
8) 总结
　收获、体会、经验、教训、建议

附录：系统总体程序设计清单(必须有注释)

注意：手写程序，不允许打印。

1.3.4　项目设计内容

(1) 根据 5.1 节所提供的 22 个课程项目设计，从中选择其中一项课程设计题目，完成项目设计要求；

(2) 自己拟定设计题目，经指导教师认可，完成项目设计要求。

1.3.5　项目设计步骤

(1) 进行项目分析，拟定设计方案；

(2) 根据拟定的设计方案进行软件设计、硬件设计;

(3) 系统联调、测试,结合项目要求修改软件设计、硬件设计,直至完全符合要求。

(4) 撰写项目(课程)设计说明书。

1.3.6 项目设计考核方式

(1) 技术方面的考核:交书面材料,学生须按设计任务的要求,上交完整、合格的电路图纸(原理图)、程序清单和课程设计说明书。程序清单的文档要规范,包括程序名称、功能、开发环境、开发者姓名、日期。程序格式要规范、整齐,需要有注释。

(2) 现场验收程序:学生准备好源程序,现场汇编、链接和运行。

1.3.7 思考题

(1) 每个项目设计均需要完成哪些设计?

(2) 单片机应用系统是由哪几个部分组成的?

(3) 项目的设计需要了解和掌握哪些知识点?

(4) 在进行具体设计之前,需要做哪些工作?

(5) 在满足实时性的要求前提下,一般应考虑哪些问题?

(6) 一个单片机应用系统的硬件设计包括哪几个部分?

(7) 设计时一般应遵循的原则是什么?

(8) 应用系统的软件设计包括哪些?

(9) 进行软件设计时应从哪几个方面加以考虑?

第2章 AT89S51/AT89S52单片机的结构体系

单片机又称为单片微型控制器，它是典型的嵌入式微控制器或嵌入式微处理器，同时也是一种集成电路芯片。

嵌入式微控制器(Embedded Microcontrollers)往往是在一硅片上集成CPU、A/D转换器、D/A转换器、PWM口、I^2C、CAN网络口等。构成计算机的三要素——CPU、存储器、外设位于一个芯片之中，该芯片称为单片计算机。

嵌入式微处理器(Embedded Microprocessors)与嵌入式微控制器的区别在于：嵌入式微处理器不附加内部存储器，依靠片外存储器与三总线连接。

嵌入式微控制器是将计算机的基本部件微型化，使之集成在一块芯片(单硅晶片)上，即构成单片微型计算机(Single Chip Micro-Computer)。简单地说，单片微型计算机(又称为单片机)就是在一个集成芯片内集成CPU、ROM、RAM、并行I/O口、串行I/O口、定时器/计数器、A/D转换器、D/A转换器、中断控制、系统时钟、系统总线和其他多功能器件及外部接口，它突破了传统意义上的微型计算机结构。这样单片微型计算机就发展成Micro Controller Unit(MCU)的体系结构，简称单片机。

单片机的设计目标主要是增强“控制”能力，满足实时控制(就是快速反应)的需要。因此，它在硬件结构、指令系统、I/O口、功率消耗及可靠性等方面均有其独特之处，其最显著的特点之一就是具有非常有效的控制能力。

为适应不同的应用需求，一般一个系列的单片机具有多种衍生产品，每种衍生产品的处理器内核都是一样的，只是存储器、接口的配置及封装不同，这样可以使单片机最大限度地与应用需求相匹配，从而减少功耗和成本。

单片机有着体积小、功耗低、功能强、性能价格比高、易于推广应用等显著优点，在自动化装置、智能化仪器仪表、过程控制、机电一体化产品、实时工业控制和家用电器等领域得到广泛的应用。

目前，单片机已经成为工科院校的一门技术基础课。通过这门课的学习，使学生能得到对软硬件设计能力和软硬件联调及纠错能力的训练，使学生掌握嵌入式系统的开发方法和技能。

2.1 AT89S51/AT89S52单片机的结构体系

AT89系列单片机的内部功能、引脚数量和排列方式、指令系统与MCS-51系列单片机完全兼容，因此，对以 MCS-51 系列产品为基础的应用系统而言，十分容易对其进行替换。AT89 系列有庞大的家族系列，每一系列下都有多个型号。AT89 系列单片机分为低档型、标准型、高档型等类型。

标准型 AT89 系列单片机包括 AT89S51、AT89S52、AT89S53 及低电压型号 AT89LS51、AT89LS52。由于标准型 AT89 系列单片机与 MCS-51 系列单片机完全兼容，又有着优良特性及较高的性价比，因此本实验板采用的是 AT89S51/AT89S52 单片机。下面针对该芯片进行讨论。

2.1.1 AT89S51/AT89S52 单片机主要特征

AT89S51/AT89S52 单片机包括：针对控制器应用而优化的 8 位 CPU、128 B 的片上数据 RAM、64 KB 的数据存储器寻址空间、64 KB 的程序存储器、4 KB 的片上程序存储器、2/3 个 16 位定时器/计数器、32 条双向和单独可寻址的 I/O 口线、1 个全双工串行口（UART）、2/6 个优先级的 5 向量中断结构、211 位可寻址空间、4 μs 乘法/除法指令、片上时钟振荡器、工作电压 4～5.5 V。

2.1.2 AT89S51/AT89S52 单片机内部结构

AT89S51/AT89S52 单片机的内部结构框图如图 2.1 所示，在该单片机上，集成了一个微型计算机的各个部分。

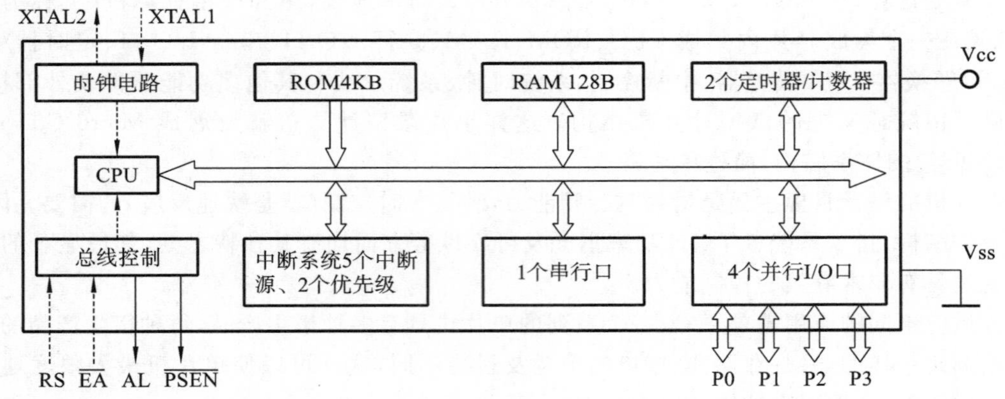

图 2.1 单片机的内部结构框图

1. AT89S51/AT89S52 单片机主要组成部分

(1) 8 位字长 CPU 和指令系统。

(2) 一个片内时钟振荡和时钟电路。

(3) 4 KB 片内程序存储器(ROM)(增强型单片机常有更大的程序存储器)。

(4) 128 B 的片内数据存储器(RAM)(增强型单片机常有更大的数据存储器)。

(5) 64 KB 外部数据存储器的地址空间。

(6) 64 KB 外部程序存储器的地址空间。

(7) 32 条双向且分别可位寻址的 I/O 口线(4 个并行 I/O 口线)。

(8) 2个16位定时器/计数器(MSC-52子系列为3个16位定时器/计数器)。

(9) 1个全双工串行口(URAT)。

(10) 具有2个优先级的5个中断源结构(MSC-52子系列有6个)。

(11) 特殊功能寄存器(Special Functional Register,SFR)。

各组成部分之间通过内部总线相连。

2. 各组成部分的含义

1) AT89S51/AT89S52单片机的CPU

AT89S51/AT89S52单片机由CPU、存储器和I/O口组成。

2) 内部数据存储器(RAM)

AT89S51/AT89S52单片机内部有128/256 B RAM,用来存放程序运行期间的工作变量、运算的中间结果、数据暂存和缓冲、标志位等。

3) 内部ROM/EPROM/Flash/ISP Flash

AT89S51/AT89S52单片机有4 KB的掩模ROM;AT89S52为ISP(In System Program)免拔插电气可编程8 KB Flash存储器,用来存放程序、原始数据或表格。

4) 定时器/计数器

AT89S51/AT89S52单片机内部有2个16位定时器/计数器T0、T1,有4种工作方式。AT89S52不仅有定时器/计数器T0、T1,还有定时器T2、看门狗定时器。通过编程,T0、T1还可用于13位或8位定时器。

5) 中断系统

AT89S51/AT89S52单片机中拥有5个中断源,可按一定的优先级有次序地响应中断事件,而AT89S52单片机的中断功能较强,设有8个中断源,共有6个中断矢量。有两级中断优先级,可实现两级中断嵌套。用户可以很方便地通过软件实现对中断的控制。

6) 并行口

P0、P1、P2和P3口是4个8位并行I/O口,其每个端口都可以独立使用。在进行外设扩展时,常需要用到P0和P2口。同时,P3口的I/O口除了能作为通用I/O口使用外,还具有第二功能。

7) 串行口(UART)

串行口(UART)是一个全双工的串行数据通信接口,支持标准的串行通信,能在4种模式下进行工作,可以方便地让单片机实现与外设的通信连接,进行数据或命令的交互。单片机只用P3口的RXD和TXD两个引脚进行串行通信。

8) CPU内部总线和外部总线

CPU通过内部的8位总线与各个部件连接,并通过P0和P2口形成内部16位地址总线连接到内部ROM区。

9) 布尔处理器

在单片机系统中,为与字节处理器相对应,还特别设置了一个结构完整、功能极强的布尔处理器。

在位处理器系统中,除了程序存储器和ALU与字节处理器合用之外,还有如下特别设置。

(1) 累加器 CY:借用进位标志位。在布尔运算中,CY 是数据源之一,又是运算结果的存放处,是位数据传送的中心。

(2) 位寻址的 RAM:内部 RAM 区中 0～128 B。

(3) 位寻址的寄存器:特殊功能寄存器中可位寻址的位。

(4) 位寻址的并行 I/O 口:并行 I/O 口以位寻址的数据位。

(5) 位操作指令系统:位操作指令可实现对位的置位、清 0、取反、位状态判跳、位逻辑运算及位输入/输出等操作。

布尔处理器利用位逻辑操作功能进行随机逻辑设计,可把逻辑表达式直接变换成软件对其执行,方法简便,免去了过多的数据往返传送、字节屏蔽和测试分支,大大简化了编程进程,节省了存储空间,加快了处理速度,增强了实时性能,还可以实现复杂的组合逻辑处理功能。

10) 特殊功能寄存器(SFR)

特殊功能寄存器(SFR)组中共有 21 个特殊功能寄存器,用于 CPU 对片内各功能部件进行管理和监控。它实际上是片内各功能模块的状态寄存器与控制寄存器的集合。

2.1.3 AT89S51/AT89S52 单片机的引脚及其功能

AT89S51/AT89S52 单片机采用 40 引脚双列直插式 DIP 封装方式,引脚如图 2.2 所示。

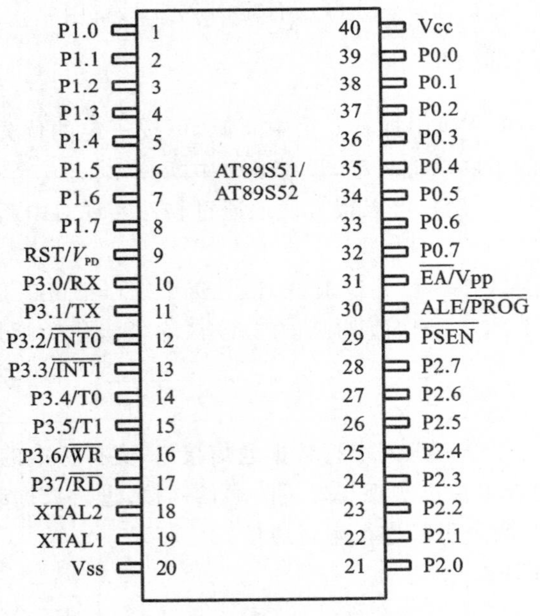

图 2.2 AT89S51/AT89S52 单片机引脚图

40 个引脚按其功能可分为电源引脚和时钟引脚、控制引脚和 I/O 口引脚。下面分别介绍其功能。

1. 电源引脚和时钟引脚

1) 电源引脚 Vcc、Vss

电源引脚接入单片机的工作电源:Vcc(40 引脚)接+5 V 电源,Vss(20 引脚)接地。

2）时钟引脚XTAL1、XTAL2

两个时钟引脚XTAL1、XTAL2外接晶体，与片内的反相放大器构成一个振荡器，其为单片机提供时钟控制信号。

XTAL1(19引脚)，接外部石英晶体的一端。在单片机内部，该引脚是一个反相放大器的输入端，这个反相放大器构成了片内振荡器。当采用外部时钟时，对于HMOS单片机，该引脚接地；对于CHMOS单片机，该引脚作为外部振荡信号的输入端。

XTAL2(18引脚)，接外部石英晶体的另一端。在单片机内部，该引脚接至上述振荡器的反相放大器的输出端。当采用外部振荡器时，对于HMOS单片机，该引脚接收振荡器的信号，即把此信号直接接到内部时钟发生器的输入端；对于CHMOS单片机，此引脚应悬空。

若要检查单片机的振荡电路是否工作正常，可以使用示波器查看XTAL2是否有脉冲信号输出。

2. 控制引脚

1）RST/V_{PD}(9引脚)

RST为复位信号输入端，高电平有效，即使单片机恢复到初始状态，此引脚也有效。在此引脚加上持续时间大于2个机器周期的高电平，单片机即可复位。单片机正常工作时，此引脚为0.5 V低电平。

V_{PD}为备用电源引脚。当主电源发生故障，降低到某一规定值的低电平时，将+5 V电源自动接入RST端，为内部RAM提供备用电源，以保证片内RAM中的信息不丢失，从而使单片机在复位后能继续正常运行。

2）$\overline{\text{PSEN}}$(29引脚)

片外程序存储器读选通信号线，低电平有效。当访问片外程序存储器时，程序计数器(PC)通过P2口和P0口输出16位指令地址，$\overline{\text{PSEN}}$作为程序存储器读信号，输出负脉冲将相应存储单元的指令读出并送到P0口，供单片机执行。$\overline{\text{PSEN}}$同样可驱动8个TTL门输入。

3）ALE/$\overline{\text{PROG}}$(30引脚)

当访问外部存储器时，P0口输出的低8位地址由ALE输出的控制信号锁存到片外地址锁存器，P0口输出地址低8位后，又能与片外锁存器传送信息。换言之，由于P0口用于地址/数据复用口，因而P0口的信息究竟是地址还是数据完全由ALE来定义。在ALE高电平期间，P0口一般出现地址信息，在ALE下降沿期间，将P0口的地址信息锁存到片外存储器；在ALE低电平期间，P0口一般出现指令和数据信息。平时不访问片外存储器时，该端口也以1/6的时钟频率固定输出正脉冲，因而也可作为系统中其他芯片的时钟源。ALE可驱动8个TTL门。

值得注意的是，此引脚在单片机工作时，它输出脉冲，可作为判定单片机是否工作的一个条件。用LED测量线进行高、低电平有效的测量，就可把其输出的脉冲测量出来。这个脉冲，原来是为外接存储芯片锁存地址服务的，但在不使用的时候，却成了多余的干扰源。为了解决这一问题，AT89S51/AT89S52芯片设置了专门的控制寄存器，用指令禁止它的输出，在没有写指令禁止的情况下，单片机工作时，它输出脉冲。

$\overline{\text{PROG}}$为片内程序存储器的编程脉冲输入端，低电平有效。

4) $\overline{EA}$/Vpp(31 引脚)

$\overline{EA}$为片外程序存储器选通端。该引脚有效(低电平)时,只选用片外程序存储器,对内部无程序存储器的 8031 单片机来说,$\overline{EA}$必须接地,当$\overline{EA}$为高电平时,CPU 访问程序存储器有两种情况:

(1) 地址小于 4 KB 时访问内部存储器;

(2) 地址大于 4 KB 时访问外部存储器。

对于 EPROM 型的单片机,在 EPROM 编程时,此引脚用于施加 21 V 编程电压 Vpp。

3. I/O 口引脚

AT89S51/AT89S52 单片机共有 4 个并行 I/O 口(都是 8 位的),用于传送数据和地址,但每个接口的结构各不相同,因此在功能和用途上有一定的差别。

1) P0 口(39~32 引脚)

P0.0~P0.7 统称为 P0 口。P0 为三态双向口,P1~P3 口为准双向口(用作输入时,对端口的输出锁存器必须先写"1")或地址/数据分时复用口,传输片外存储器低 8 位地址。P0 口是一个特殊端口,其引脚作为 I/O 口时,若要输出高电平,必须外接上拉电阻。

2) P1 口(1~8 引脚)

P1.0~P1.7 统称为 P1 口。P1 口为通用 I/O 口,是一个有上拉电阻的准双向口。

3) P2 口(21~28 引脚)

P2.0~P2.7 统称为 P2 口。P2 口为准双向 I/O 口,或与 P0 口配合传输片外存储器高 8 位地址。

4) P3 口(10~17 引脚)

P3.0~P3.7 统称为 P3 口。P3 口除为准双向 I/O 口外,还可以将每一位用于第二功能。

2.1.4 AT89S51/AT89S52 单片机的微处理器

AT89S51/AT89S52 单片机的 CPU 是一个 8 位的 CPU,是单片机的主要组成部件。在单片机工作时,CPU 主要完成读入、分析指令,并根据各指令的功能来控制单片机的其他功能部件按预定的要求完成运算或操作。它主要由运算器和控制器两部分构成。

1. 运算器

运算器用来对操作进行算术运算、逻辑运算和位操作(布尔处理)。主要包括算术逻辑单元(ALU)、位处理器、累加器(ACC)、寄存器 B、暂存器 TMP1 和 TMP2、位处理器、程序状态寄存器 PSW,以及 BCD 码修正电路和数据传送等组成,与一般运算器的作用类似。算术运算包括加、减、乘、除;逻辑运算包括与、或、异或、循环、求补。

2. 控制器

控制器是用来统一指挥和控制计算机进行工作的部件,控制器主要包括程序计数器(PC)、程序地址寄存器、程序状态字寄存器(PSW)、RAM 地址寄存器、数据指针(SP)、指令寄存器(IR)、指令译码器、程序计数器及其增量器、条件转移逻辑电路及时序控制逻辑电路。

2.1.5 AT89S51/AT89S52 单片机的存储器结构

一般微型计算机通常只有一个逻辑空间,在存储器的设计上,ROM、RAM 要统一编址,即一个存储器地址对应唯一的存储单元。

AT89S52 单片机的存储器的结构特点是将 ROM 和 RAM 分开，它们有各自寻址机构和寻址方式。ROM 用来存放固化的程序、常数或数据表格，写入信息后不易改写。断电后，ROM 中的信息不会丢失。RAM 用来存放暂时性的数据、运算的中间结果，可以写入和读出信息，但关闭电源后，其所存储的信息将丢失。图 2.3 所示的为 51 单片机存储器的配置。

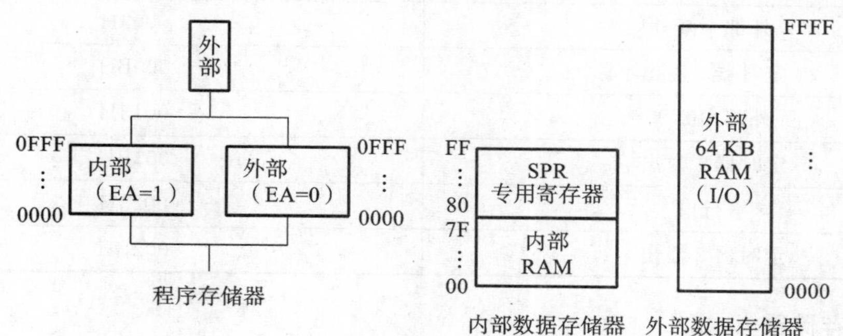

图 2.3　存储器配置

单片机的存储器结构可划分为 4 个物理上相互独立的存储器空间：内/外部程序存储器和内/外部数据存储器。从逻辑上，即从用户使用角度来分，分为 3 个逻辑空间：片内外统一编址的 64 KB 程序存储器地址空间；256 B（MSC-51 子系列）或 384 B（MSC-52 子系列）的内部数据存储器地址空间（其中有 128 B 地址空间中分布了 20 多个字节的专用特殊功能寄存器，即在 80H～FFH的 SFR 寄存器地址空间中仅有 20 多个字节有实际意义）；以及 64 KB 外部数据存储器地址空间。用户采用不同的指令形式和寻址方式，访问这 3 个不同的逻辑空间。

下面分别介绍程序存储器和数据存储器配置及特殊功能寄存器 SFR 的功能特点。

1. 程序存储器

程序存储器是以程序计数器（PC）作为地址指针，程序计数器（PC）是 16 位的，因此寻址的地址空间为 64KB。程序存储器用于存放应用程序和表格之类的固定常数。

1）内部数据存储器

单片机内部有 4KB ROM/EPROM 程序存储器，地址为 0000～0FFFH（MSC-52 子系列内部有 8KB ROM/EPROM，地址为 0000～1FFFH）。对于有内部 ROM 的单片机，应把控制线$\overline{\text{EA}}$接成高电平。正常运行时，使程序从内部 ROM 开始运行，当 PC 值超过 0FFFH 时，自动转到外部扩展的存储区 1000H～FFFFH（MSC-52 子系列的则转到外部 2000H～FFFFH）地址空间去执行程序。若把$\overline{\text{EA}}$接成低电平，程序处于调试状态，把调试程序放置在与内部 ROM 空间重叠的外部存储器内。

2）外部数据存储器

单片机内部有 128B 的 RAM 作为数据存储器，当需要外扩时，最多可外扩 64KB 的 RAM 或 I/O。程序存储器可采用立即寻址和基址＋变址寻址方式。

64KB 程序存储器中有 7 个地址具有特殊功能，单片机复位后，（PC）＝0000H，故系统程序必须从 0000H 单元开始，因而 0000H 是复位入口地址，也称为系统程序的启动地址。一般在该单元中存放一条绝对跳转指令，跳转地址通常放在初始化程序及主程序中。

除 0000H 单元外，其他 6 个特殊单元分别对应于 6 种中断入口地址，如表 2.1 所示。

通常在这些入口地址处安放一条绝对跳转指令，跳转到相应中断服务程序入口去执行中断服务程序。

表 2.1　各种中断服务子程序入口地址

中　断　源	入 口 地 址
外部中断 0	0003H
定时器 0 溢出	000BH
外部中断 1	0013H
定时器 1 溢出	001BH
串行口	0023H
定时器 2 溢出	002BH

2. 数据存储器

数据存储器分为片内和片外两种，二者无论在物理上和逻辑上，其地址空间都是彼此独立的。片内数据存储器(见图 2.4)地址范围为 00H～FFH，片外数据存储器地址范围为0000H～FFFFH。访问片内 RAM 用“MOV”指令，访问片外 RAM 用“MOVX”指令。

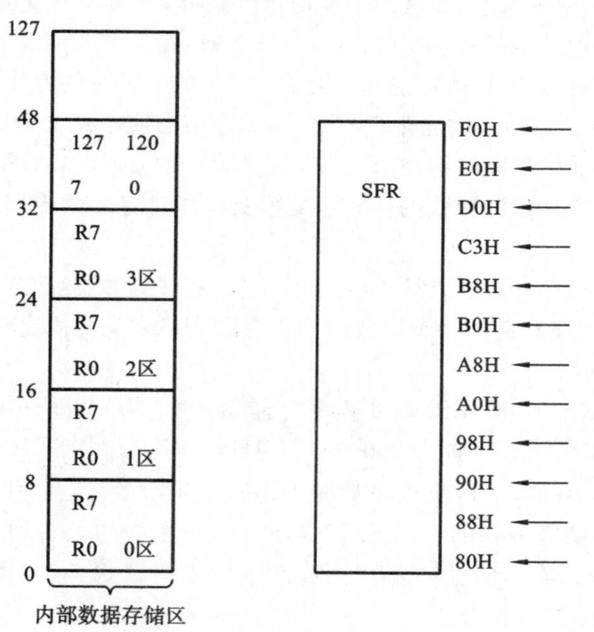

图 2.4　片内数据存储器

片内数据存储器在物理上可划分为 3 个不同的块：00H～7FH(0～127)单元组成的 128 B RAM 块，80H～FFH(128～255)单元组成的 128B RAM 块(仅 MSC-52 子系列中有这一块)，128B 专用特殊功能寄存器(SFR)块。

在 MSC-51 子系列中，只有 128B RAM 块(地址为 00H～7FH)和 128B 特殊功能寄存器块(地址为 80H～FFH),这两块地址空间是连续的。

在 MSC-52 子系列中,有 256 个 RAM 单元,高 128B RAM 块与 SFR 块的地址是重叠的,都是 80H～FFH,究竟访问哪一块可通过不同的寻址方式来区分。访问高 128B RAM 时,采用寄存器间接寻址方式;访问 SFR 块时,只能采用直接寻址方式。访问低 128B RAM 时,则两种方式都可采用。值得注意的是,在 128B SFR 块中仅有 26 个字节是有定义的,若访问这一块中的一个无定义单元,则将得到一个不确定的随机数。

1) 内部 RAM 区

如图 2.5 所示,在 MSC-51 子系列片内真正可作数据存储器用的只有 128 个 RAM 单元,地址为 00H～7FH。它们可划分三个区域:工作寄存器区、位寻址区和数据缓冲区。

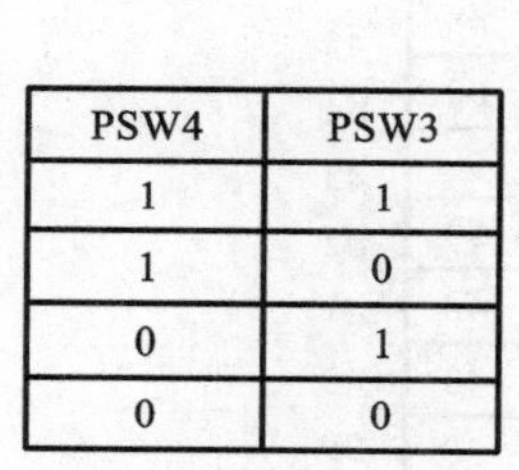

PSW4	PSW3
1	1
1	0
0	1
0	0

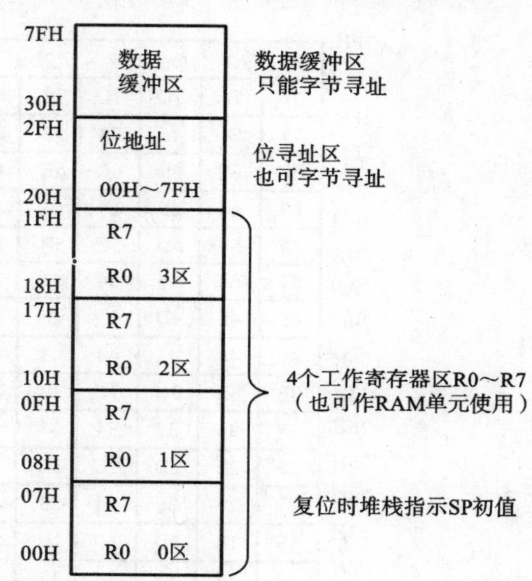

图 2.5　内部 RAM 功能配置图

2) 通用寄存器组

通用寄存器组由 32 个 RAM 单元组成,地址为 00H～1FH,共有 4 个区,每个区由 8 个通用工作寄存器 R0～R7 组成。工作寄存器区域的选择由程序状态字(PSW)中的 RS1 和 RS0 确定,它们可用位操作指令直接修改,从而选择不同的工作寄存器区,如表 2.2 所示。

表 2.2　工作寄存器选择

工作寄存器区	工作寄存器选择位		工作寄存器所占当前 RAM 地址
	PSW.4(RS1)	PSW.3(RS0)	R0～R7
0 区	0	0	00H～07H
1 区	0	1	08H～0FH
2 区	1	0	10H～17H
3 区	1	1	18H～1FH

4 个通用寄存器区给软件设计带来极大方便，在实现中断嵌套时可灵活选择不同工作寄存器区以方便实现现场保护。

3）位寻址区

RAM 位寻址区是布尔处理器数据存储器的主要组成部分，全部可以位寻址。其字节地址为 20H～2FH，共 16 个 RAM 单元，这些 RAM 单元可按位操作（也可按字节操作）。这 16 个字节有 128 位，其位地址为 00H～7FH，如图 2.6 所示。另外，在 SFR 块中有 12 个专用寄存器的字节地址能被 8 整除，这 12 个 SFR 块的 93 位（96 位减去 3 个未定义位）具有位寻址功能，如图 2.7 所示。

RAM	MSB							LSB	
7FH									127
2FH	7F	7E	7D	7C	7B	7A	79	78	47
2EH	77	76	75	74	73	72	71	70	46
2DH	6F	6E	6D	6C	6B	6A	69	68	45
2CH	67	66	65	64	63	62	61	60	44
2BH	5F	5E	5D	5C	5B	5A	59	58	43
2AH	57	56	55	54	53	52	51	50	42
29H	4F	4E	4D	4C	4B	4A	49	48	41
28H	47	46	45	44	43	42	41	40	40
27H	3F	3E	3D	3C	3B	3A	39	38	39
26H	37	36	35	34	33	32	31	30	38
25H	2F	2E	2D	2C	2B	2A	29	28	37
24H	27	26	25	24	23	22	21	20	36
23H	1F	1E	1D	1C	1B	1A	19	18	35
22H	17	16	15	14	13	12	11	10	34
21H	0F	0E	0D	0C	0B	0A	09	08	33
20H	07	06	05	04	03	02	01	00	32
1FH									31
18H									24
17H									23
10H									16
0FH									15
08H									8
07H									7
00H									0

图 2.6　内部 RAM 块中专用位地址

这样，位寻址区由 128 个 RAM 位与 93 个 SFR 位组成，共 221 位，可由布尔指令直接按位操作。

4）用户 RAM 区

用户 RAM 区也称为数据缓冲区，地址为 30H～7FH，这些 RAM 单元按字节寻址。由于单片机在复位时，堆栈指针（SP）指向 07H 单元，故当用户使用堆栈时，应该首先设置堆栈。用

	MSB							LSB	
F0H	F7	F6	F5	F4	F3	F2	F1	F0	B
E0H	E7	E6	E5	E4	E3	E2	E1	E0	ACC
	CY	AC	F0	RS1	RS0	OV	F1	P	
D0H	D7	D6	D5	D4	D3	D2	D1	D0	PSW
	TF2	EXF2	RCLK	TCLR	EXEN2	TR2	C/T2	cp/RL2	
C8H	CF	CE	CD	CC	CB	CA	C9	C8	T2CON
			PT1	PS	PT2	PX1	PT0	PX0	
B8H	—	—	BD	BC	BB	BA	B9	B8	IP
B0H	B7	B6	B5	B4	B3	B2	B1	B0	P3
	EA		ET2	ES	ET1	EX1	ET0	EX0	
A8H	AF	—	AD	AC	AB	AA	A9	A8	IR
A0H	A7	A6	A5	A4	A3	A2	A1	A0	P2
	SM0	SM1	SM2	REN	TB8	RB8	TI	RI	
98H	9F	9E	9D	9C	9B	9A	99	98	SCON
90H	97	96	95	94	93	92	91	90	P1
	TF1	TR1	TF0	TR0	IE1	IT1	TE0	IT0	
88H	8F	8E	8D	8C	8B	8A	89	88	TCON
80H	87	86	85	84	83	82	81	80	P0

图 2.7　SFR 块中专用位地址

户堆栈一般设为 30H～7FH。原则上栈空间比 128 字节小得多，SP 设的越大，堆栈就越浅。

3. 专用寄存器(SFR)

专用寄存器又称为特殊功能寄存器。MSC-51 单片机片内的 I/O 端口锁存器、定时器/计数器、串行口数据缓冲器及各种控制寄存器(除 PC 外)，都以特殊功能寄存器的形式出现，它们离散地分布在片内 80H～FFH 地址空间范围内。MSC-51 单片机共有 23 个特殊功能寄存器(3 个属于 MSC-52 单片机)，其中 5 个是双字节寄存器。程序计数器(PC)在物理上是独立的，其余 22 个寄存器都属于片内数据存储器 SFR 块，共占 26 个字节。

片内特殊功能寄存器(SFR)能综合地、实时地反映整个单片机内部工作状态及工作方式，因此，SFR 是极其重要的。

2.1.6　AT89S51/AT89S52 单片机的时钟电路与时序

单片机在时钟信号控制下严格按照时序执行命令进行工作。这个时钟信号是由单片机的时钟电路发出的。

单片机工作时，CPU 首次从程序存储器中取出要执行的指令，然后通过译码电路对指令进行译码，再通过相应的控制信号完成指令所规定的操作。

1. 时钟电路

时钟电路用于产生单片机工作所需的时钟信号。AT89S51/AT89S52 单片机的时钟信号通常有两种产生方式，即内部时钟方式和外部时钟方式。

1）内部时钟方式

内部时钟方式利用单片机内部的振荡器，在单片机引脚 XTAL1（19 引脚）和 XTAL2（18 引脚）两端连接石英晶体（简称晶振），构成稳定的自激振荡器，如图 2.8(a)所示。

自激振荡器发出的脉冲直接送入内部时钟电路，晶振两端的电容一般选择为 30 pF 左右，这两个电容对频率有微调的作用，同时还起到稳定频率和快速起振的作用。晶振的频率范围可在 1.2～12 MHz 之间选择，典型值为 12 MHz 和 6 MHz。电容 C_1 和 C_2 的大小对振荡频率有微小影响，可起频率微调作用。为了减少寄生电容，更好地保证振荡器稳定、可靠地工作，振荡器和电容应安装得尽可能与单片机芯片靠近。

2）外部时钟方式

外部时钟方式是把单片机外部已有的时钟信号接入 XTAL1 或 XTAL2。由于单片机内部时钟发生器的信号取自反相器的输入端，故采用外部时钟源时，接线方式为外部时钟信号接到引脚 XTAL1，而引脚 XTAL2 悬空，如图 2.8(b)所示。此方式常用于多片单片机同时工作的情况，以保证各单片机的同步。由于 XTAL2 的电平不是 TTL 电平，故应连接一上拉电阻。一般要求外部信号高电平的持续时间大于 30 ns，且频率低于 12 MHz 的方波信号。

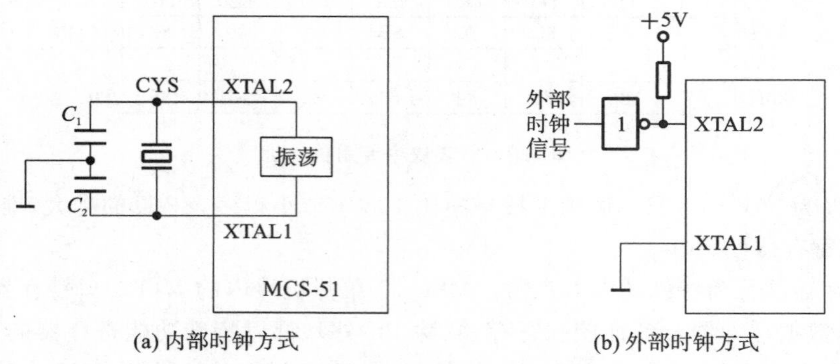

(a) 内部时钟方式　　(b) 外部时钟方式

图 2.8　AT89S51/AT89S52 单片机的时钟电路

单片机在实际使用中通常采用外接晶体的内部时钟方式，因为可以通过高的晶振频率提高指令执行的速度。

2. 时序

CPU 执行指令都是严格按照时间顺序（时序）进行的。时序用于表达指令执行中各控制信号在时间上的相互关系。单片机的时序定时单位有振荡周期（又称为时钟周期）、状态周期、机器周期和指令周期，各时序均与振荡周期有关，如图 2.9 所示。

1）振荡周期或节拍

将振荡脉冲的周期定义为振荡周期，用 P 表示。它就是晶体的振荡周期，是单片机中最小的时序单位，若时钟频率为 fosc，则时钟周期 Tosc＝1/fosc。

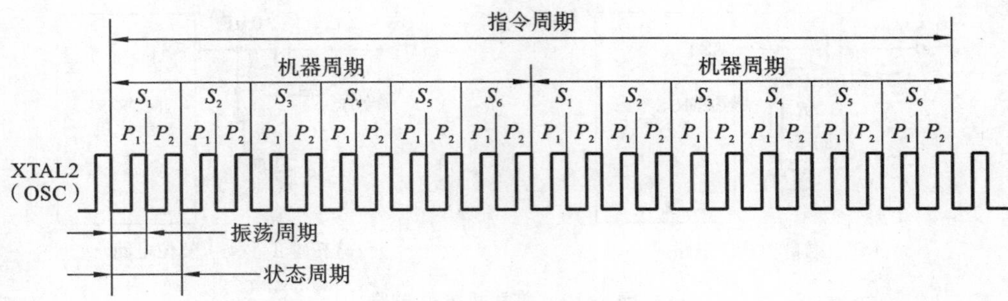

图 2.9　各周期之间的关系

2）状态周期

振荡脉冲经过二分频后，可得到单片机的状态周期（也称为时钟周期），用 S 表示，1 个状态周期由 2 个节拍组成。

3）机器周期

若把 CPU 一条指令的过程划分成几个基本操作，如取指令、译码指令等，则完成一个基本操作所需的时间称为机器周期。AT89S51/AT89S52 的 1 个机器周期包含 12 个时钟周期，例如，若晶振频率为 12 MHz，则机器周期为 1 μs；若晶振频率为 6 MHz，则机器周期为 2 μs。

1 个机器周期由 6 个状态周期（12 个节拍或振荡周期）组成。

4）指令周期

指令周期是执行一条指令所需的时间。由于单片机中有单字节指令、双字节指令和三字节指令，因此执行一条指令的时间也不尽相同，一般 1 个指令周期由 1～4 个机器周期组成，不同指令所需的机器周期也是不同的。从指令的执行时间来看，单字节指令和双字节指令一般为单机器周期和双机器周期，三字节指令都是双机器周期。

如果将一条指令的执行划分为几个基本操作，则完成一个基本操作所需的时间即机器周期。规定 6 个状态为 1 个机器周期，依次表示为 $S_1 \sim S_6$。由于一个状态包含 2 个节拍，因此 1 个机器周期包含 12 个节拍，表示为 $S_1P_1, S_1P_2, \cdots, S_6P_1, S_6P_2$。

2.1.7　AT89S51/AT89S52 单片机的复位

复位是恢复单片机的初始化操作。上电时，单片机需要复位操作；运行过程中，单片机受到干扰后程序“跑飞”进入死循环，需要复位，以重新启动单片机。

1. 复位和复位电路

单片机的复位是靠复位电路来实现的，即在单片机的复位引脚 RST 引入至少 2 个机器周期的高电平，单片机内部就能实现复位操作。常用的复位电路有两种基本形式，一种是上电自动复位，另一种是按键（手动）复位，如图 2.10 所示。

图 2.10(a)所示的为上电自动复位电路。上电自动复位电路是利用电容充电来实现的。在接通电源的瞬间，RST 引脚获得高电平，随着电容充电，充电电流减小，RST 引脚的电位逐渐下降，高电平只要能保持足够的时间，单片机就可进行复位操作。复位时间与电容充电时间有关，充电时间越长，复位时间越长，通过增大电容或电阻都可以增加复位时间。当晶振频率为 12 MHz 时，典型的电容、电阻取值分别 10 μF 和 8.2 Ω。

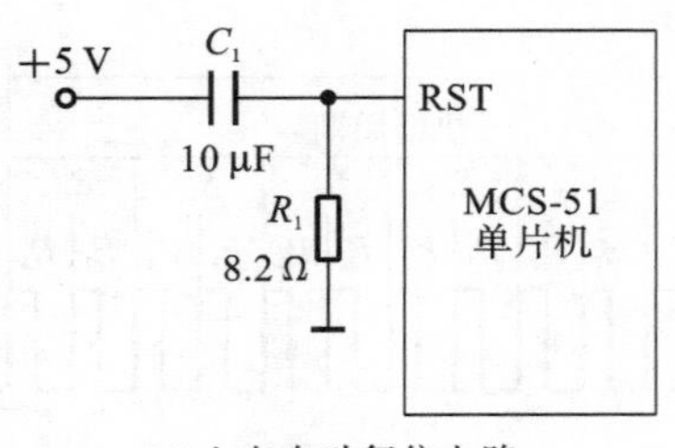

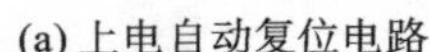
(a) 上电自动复位电路

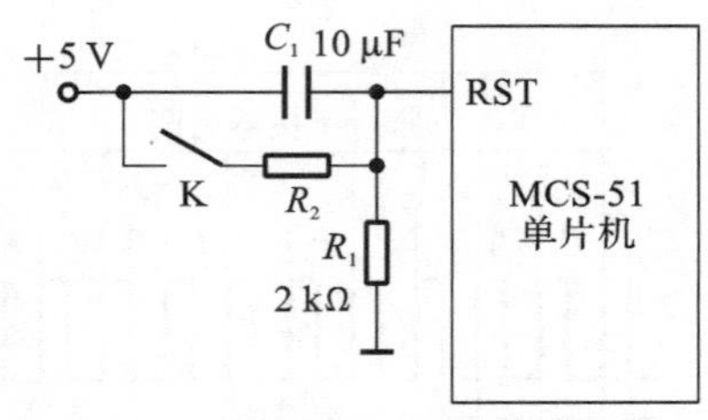

(b) 按键（手动）复位电路

图 2.10 单片机复位电路

图 2.10(b)所示的为按键(手动)复位电路。按键复位电路除具有上电复位功能之外,还可通过按键复位。当按下按键时,电源经电阻 R_1、R_2 的分压,在 RST 引脚上产生一个高电平,单片机即可进行复位操作。

2. 看门狗复位

单片机应用系统一般应用于工业现场,虽然单片机本身具有很强的抗干扰能力,但仍然存在系统受到外界干扰使所运行的程序失控而引起程序"跑飞"的可能性,从而使程序陷入"死循环",这时系统将完全瘫痪。如果操作者在场,可以通过人工复位的方式强制系统复位,但操作者不可能一直监视系统,即使监视系统,也往往是在引起不良后果之后才进行人工复位的。为此,常采用的程序监视技术,就是俗称的"看门狗"(Watch Dog)技术。

2.1.8 单片机的低功耗模式

单片机的 2 种低功耗工作方式需要通过软件设置才能实现,设置 SFR 中电源控制寄存器 PCON 的 PD 和 IDL 位。CHMOS 型单片机有待机(或称空闲)方式与掉电(或称停机)方式两种低功耗方式,备用电源直接由 Vcc 端输入。待机方式可使功耗减小,电流一般为 1.7～5 mA;掉电方式可使功耗减到最小,电流一般为 5～50 μA。待机方式与掉电方式均由特殊功能寄存器 PCON 的有关位控制,该控制字格式如图 2.11 所示。

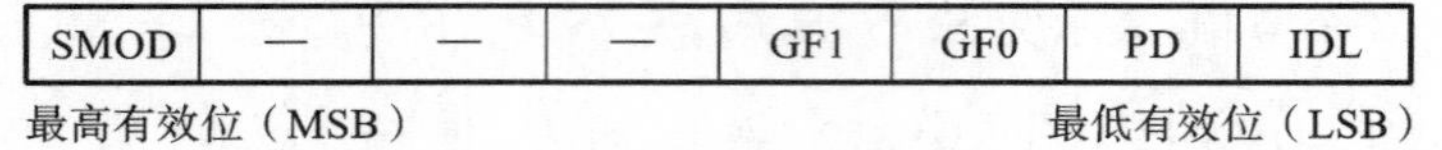

SMOD	—	—	—	GF1	GF0	PD	IDL

最高有效位（MSB） 最低有效位（LSB）

图 2.11 PCON 控制字格式

下面说明其中各位含义。

(1) SMOD(PCON.7):波特率加倍位。当 SMOD 有效时,串行口方式 1、2、3 的波特率提高一倍。

(2) PCON.6、PCON.5、PCON.4:保留位,无定义。

(3) GF1(PCON.3):通用标志位,供用户使用。

(4) GF0(PCON.2):通用标志位,供用户使用。

(5) PD(PCON.1):掉电方式位。当 PD=1 时,机器进入掉电方式。

(6) IDL(PCON.0):待机方式位。当 IDL=1 时,机器进入待机方式。

1. 掉电方式

在执行了使 PCON 寄存器中 PD 位置"1"的指令之后,单片机进入掉电方式。待机和掉电硬件结构如图 2.12 所示。

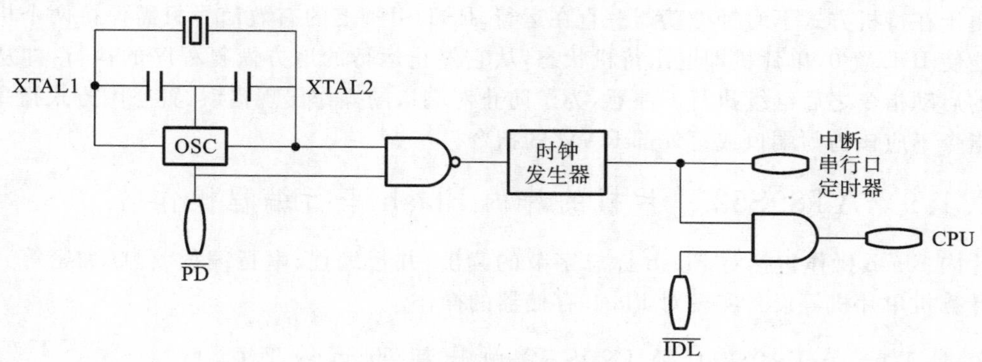

图 2.12　待机和掉电硬件结构

当 PD=1 时,片内振荡器停止工作。由于时钟被冻结,一切功能都停止,只有片内 RAM 内容被保持。退出掉电方式的唯一途径是硬件复位。在掉电方式下 Vcc 可降到 2 V,耗电电流仅 50 μA。

值得注意的是,在进入掉电方式前,Vcc 不能下降;在结束掉电保护前,Vcc 必须恢复到正常工作电压。复位终止了掉电方式,同时释放了振荡器。在 Vcc 恢复到正常水平之前,不应该复位,要保持足够长的复位时间,通常需要约 10 ms 的时间,才可以保证振荡器再启动并达到稳定。

退出掉电方式的唯一方法是硬件复位,硬件复位 10 ms 就能使单片机退出掉电方式。复位后将所有的特殊功能寄存器的内容重新初始化,但内部 RAM 区的数据不变。

当单片机进入掉电方式时,必须使外部器件、设备处于禁止状态。为此,在请求进入掉电方式之前,应将一些必要的数据写入到 I/O 端口锁存器中,以禁止外部器件或设备产生误动作。

2. 待机方式

在执行了使 PCON 寄存器中 IDL 位为“1”的指令后,单片机进入待机方式。待机和掉电硬件结构如图 2.12 所示。

当 IDL=1,$\overline{\text{IDL}}$=0 时,封锁了时钟信号传输到 CPU 的与门,CPU 处于冻结状态。然而,时钟信号仍然提供给中断逻辑、串行口和定时器。在待机期间 CPU 状态被完整保存,如程序计数器(PC)、堆栈指针(SP)、程序状态字(PSW)、累加器(A)及所有的工作寄存器等。而 ALE 和$\overline{\text{PSEN}}$变为无效状态。

通常 CPU 耗电量占芯片耗电量的 80%~90%,所以 CPU 停止工作就会大大降低功耗。在待机方式下,单片机消耗的电流可由正常的 24 mA 降为 3 mA,甚至更低。

终止待机方式的方法有以下两种。

1) 中断方法

若在待机期间,任何一个允许的中断被触发,IDL 都会被硬件置 0,从而结束待机方式,使单片机进入中断服务程序。这时,通用标志 GF0 或 GF1 可用来指示中断是在正常操作期间还是在待机期间发生的。

2）硬件复位

由于在待机方式下时钟振荡器一直在运行，RST 引脚上的有效信号只需保持两个机器周期就能使 IDL 置 0，单片机即退出待机状态，从它停止运行的地方恢复程序的执行，即从空闲方式的启动指令之后继续执行。注意，为了防止对端口的操作出现错误，置空闲方式指令的下一条指令不应该为写端口或写外部 RAM 的指令。

2.1.9 AT89S52 单片机的片内 Flash 串行编程操作

片内 Flash 操作包括对 Flash 标志字节的读出、并行编程、串行编程、程序加密等。可以利用计算机单片机等设备实现对 Flash 存储器的操作。

2.1.10 AT89S51/AT89S52 单片机的并行 I/O 口

单片机内部有 P0～P3 口共 4 个 8 位双向 I/O 口，外设可直接连接到这几条口线上，而无须另加接口芯片，P0～P3 口的每个端口可以按字节输入/输出，也可以按位进行输入/输出，共 32 条口线，作为位控制十分方便。P0 口为三态双向口，负载能力 8 个 TTL 电路。P1、P2、P3 口为准双向口，负载能力为 4 个 TTL 电路，如果外设需要的驱动电流大，可加接驱动器。

AT89S51/AT89S52 单片机共有 4 个 8 位的并行 I/O 口，分别为 P0、P1、P2 和 P3 口。这 4 个 I/O 口在单片机的使用中拥有非常重要的地位。可以说，对单片机的使用就是对其 I/O 口的使用。

单片机的 4 个 I/O 口既有字节地址又有位地址，所以它们可以按字节输入/输出数据，也可以按位输入/输出数据。

1. P0 口的内部结构及功能

P0 口的内部结构如图 2.13 所示，它由一个输出锁存器、两个三态输入缓冲器、一个转换开关 MUX 及控制电路和驱动电路组成。

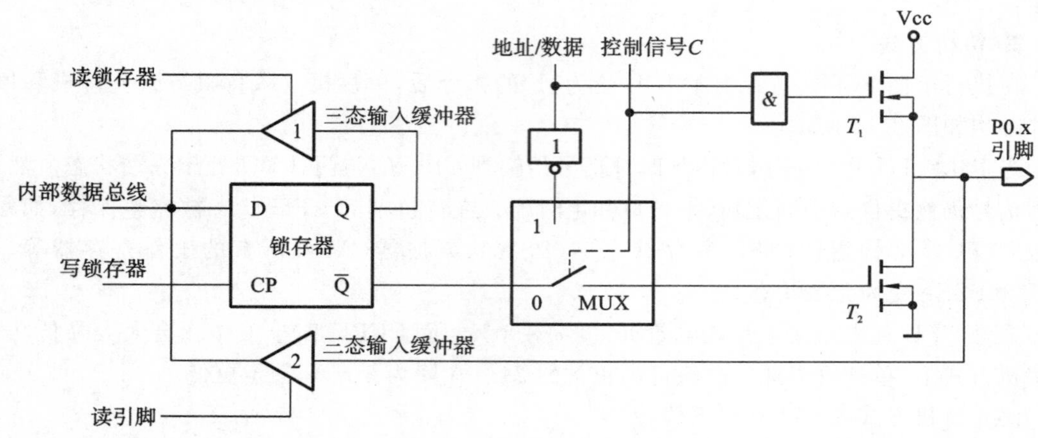

图 2.13 P0 口的内部结构

单片机的 P0 口既可以作为通用 I/O 口使用，也可以作为地址/数据复用总线使用。单片机内部通过控制信号 C 来确定其工作状态，如图 2.13 所示。当 $C=0$ 时，转换开关 MUX 处于

图 2.13 中虚线所示位置，即 P0 口作为通用 I/O 口使用；当 $C=1$ 时，转换开关 MUX 拨向反相器输出端位置，即 P0 口作为地址/数据复用总线使用。

1）P0 口作为通用 I/O 口使用

P0 口作为通用 I/O 口使用时，单片机硬件自动使控制信号 $C=0$，转换开关 MUX 接锁存器反相输出 $\overline{Q}$ 端。由于 $C=0$，因此与场效应管 T_1 连接的与门输出为 0，即场效应管 T_1 截止。

(1) P0 口作为通用输入口使用。

当 P0 口作为通用输入口使用时，数据可以来自锁存器，即读锁存器，也可以来自引脚，即读引脚，如图 2.13 所示。

所谓读锁存器，就是指通过三态输入缓冲器 1 读锁存器 Q 端的状态。

所谓读引脚，就是指由读引脚信号将三态输入缓冲器 2 打开，引脚上的数据经三态输入缓冲器进入内部数据总线。

(2) P0 口作为通用输出口使用。

当 P0 口作为通用输出口使用时，CPU 执行输出指令，内部数据总线上的数据在写锁存器信号的作用下进入锁存器，经锁存器 $\overline{Q}$ 端反相，再经场效应管 T_2 反相，在 P0 引脚出现的数据正好是内部数据总线的数据。但必须注意，此时场效应管 T_1 处于截止状态，当输出数据时，必须外接上拉电阻才能有高电平输出。

2）P0 口作为地址/数据复用总线使用

P0 口除了作为通用 I/O 口使用外，当单片机系统需要扩展片外存储器或其他 I/O 口芯片时，P0 口也作为地址/数据(低 8 位地址)复用总线使用，单片机硬件自动使控制信号 $C=1$，转换开关 MUX 连接反相器的输出端。

CPU 在执行输出指令时，低 8 位地址信息和数据信息分时出现在地址/数据复用总线上。若地址/数据复用总线的状态为 1，则与门输出为 1，场效应管 T_1 导通、T_2 截止，引脚输出为 1；若地址/数据复用总线的状态为 0，则与门输出为 0，场效应管 T_1 截止、T_2 导通，引脚输出为 0。可见引脚输出的信息正好与地址/数据复用总线的信息相同。

CPU 在执行输入指令时，首先低 8 位地址信息出现在地址/数据复用总线上，引脚的状态与地址/数据复用总线的地址信息相同。然后 CPU 自动转换开关 MUX 拨向锁存器，并向 P0 口写入 0FFH，同时读引脚信号有效，数据经三态输入缓冲器 2 进入内部数据总线。

由此可见，P0 口作为地址/数据复用总线使用时是一个真正的双向接口。

2. P1 口的内部结构及功能

P1 口的内部结构如图 2.14 所示。由于 P1 口仅作为通用 I/O 口使用，因此在内部结构上最为简单。它由一个输出锁存器、两个三态输入缓冲器和驱动电路组成。

当 P1 口作为通用输出口使用时，由于内部有上拉电阻，上拉电阻与场效应管共同组成输出驱动电路，已经能向外提供推挽电流负载，无须再外接上拉电阻。

当 P1 口作为通用输入口使用时，与 P0 口一样，也要先向其锁存器写入 1，目的是使场效应管 T 截止。所以，P1 口在作为通用 I/O 口时，属于准双向接口。

3. P2 口的内部结构及功能

P2 口的内部结构如图 2.15 所示，它由一个输出锁存器、两个三态输入缓冲器、一个转换开关 MUX 及一个反相器和驱动电路组成。

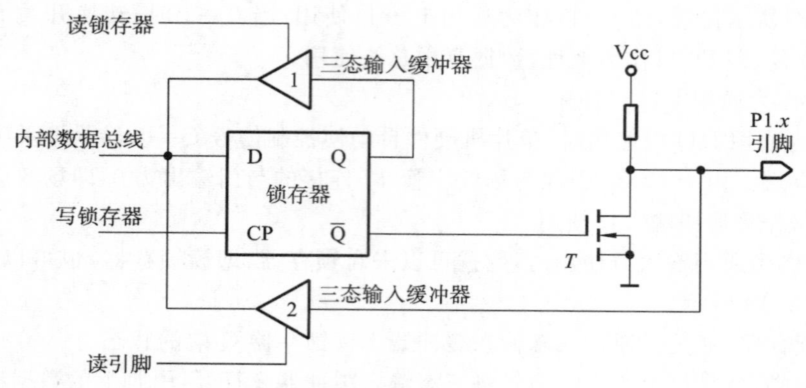

图 2.14 P1 口的内部结构

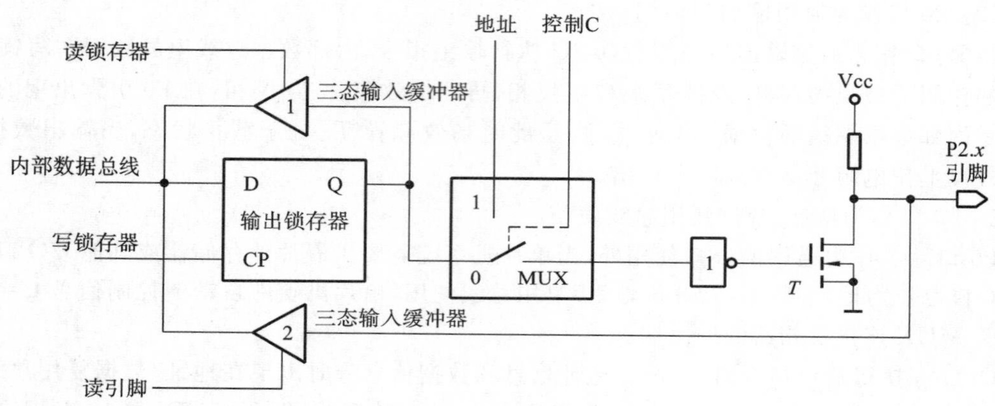

图 2.15 P2 口的内部结构

P2 口即可以作为通用 I/O 口使用，也可以作为地址(高 8 位地址)总线使用。单片机内部通过控制信号 C 来确定其工作状态，如图 2.15 所示，当 $C=0$ 时，转换开关 MUX 处于图 2.15 中虚线所示位置，即 P2 口作为通用 I/O 口使用；当 $C=1$ 时，转换开关 MUX 拨向反相器输出端位置，即 P2 口作为地址总线使用。

1) P2 口作为通用 I/O 口使用

当 P2 口作为输出口使用($C=0$)时，与 P1 口一样，内部有上拉电阻，所以无须再外接上拉电阻。

当 P2 口作为输入口使用时，与 P0、P1 口一样，也要先向其锁存器写入 1，目的是使场效应管 T 截止。所以，P2 口在作为通用 I/O 口时，属于准双向接口。

2) P2 口作为地址总线使用

P2 口除了作为通用 I/O 口使用外，当单片机系统需要扩展片外存储器或其他 I/O 口芯片时，P2 口也作为地址(高 8 位地址)总线使用，单片机硬件自动使控制信号 $C=1$，转换开关 MUX 连接地址端，与 P0 口作为地址总线使用时相同，引脚输出的信息与地址总线的信息相同。

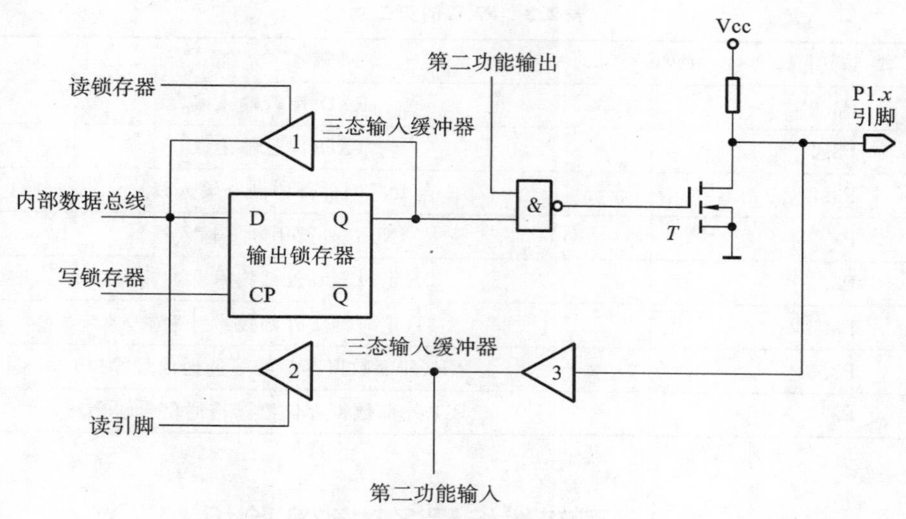

图 2.16 P3 口的内部结构

4. P3 口的内部结构及功能

P3 口的内部结构图如图 2.16 所示，它由一个输出锁存器、三个三态输入缓冲器、一个与非门和驱动电路组成。由于 P3 口有第二功能，因此在结构上与其他三个 I/O 口都不尽相同。

P3 口与其他三个 I/O 口一样，既可以作为通用 I/O 口使用，又具有第二功能。

1）P3 口作为通用 I/O 口使用

当 P3 口作为通用输入口使用时，与其他接口一样，也要先向其锁存器写入 1。此时 W 信号自动为高电平 1，从锁存器 Q 端输出的高电平信号经与非门输出，使场效应管 T 截止。P3 口引脚的数据取决于外部信号。这时单片机内部产生读引脚信号，使三态输入缓冲器 2 打开，引脚上的数据经过三态输入缓冲器 3(常开)、三态输入缓冲器 2 进入内部数据总线。

当 P3 口作为通用输出口使用时，与 P1、P2 口一样，内部有上拉电阻，所以无须再外接上拉电阻。此时，W 信号自动为高电平 1，为锁存器 Q 端数据输出打开与非门，输出数据经场效应管 T 从 P3 引脚输出。

2）P3 口作为第二功能使用

当 P3 口使用第二功能时，8 个引脚有不同的定义。

当 P3 口的某一位用作第二功能输出时，该位的锁存器输出端被单片机硬件自动置位，使与非门对第二功能信号的输出是打开的，从而实现第二功能信号的输出，由表 2.3 可知，第二功能输出的有 TXD、$\overline{\text{WR}}$和$\overline{\text{RD}}$。

当 P3 口的某一位用作第二功能输入时，该位的锁存器输出端被单片机硬件自动置位，并且 W 信号在接口不作为第二功能输出时保持为 1，此时与非门输出为低电平，场效应管 T 截止，该位引脚为高阻输入。此时端口不作为通用 I/O 口使用，因此该引脚信号无效，三态输入缓冲器 2 不导通。这样从引脚输入的第二功能信号经第二功能输入三态输入缓冲器 3 直接送给 CPU 处理。

P3 口为双功能口。当 P3 口作为第一功能使用时，其功能与 P1 口的相同。当 P3 口作为第二功能使用时，每位功能定义如表 2.3 所示。

表 2.3 P3 口的第二功能

端口引脚	第二功能
P3.0	RXD(串行输入线)
P3.1	TXD(串行输出线)
P3.2	INT0(外部中断 0 输入线)
P3.3	INT1(外部中断 0 输入线)
P3.4	T0(定时器 0 外部技术脉冲输入)
P3.5	T1(定时器 1 外部技术脉冲输入)
P3.6	WR(外部数据存储器写选通信号输出)
P3.7	RD(外部数据存储器读选通信号输出)

2.2 可在线编程多功能实验板

单片机可在线编程(ISP)多功能实验板的结构框图如图 2.17 所示。

实验板的单片机端口安排、跳线、开关的使用如表 2.4 所示。

此硬件电路可以在面包板上搭建(此时必须另购编程器),可以在提供的可在线编程(ISP)实验板上进行烧写,也可以在外购的实验台上进行烧写(只需改端口号),还可以在通过 Proteus 做成的 80C51 虚拟实验板上进行烧写。可采用任何公司的 MSC-51 单片机完成。

表 2.4 实验板单片机端口、跳线、开关的使用

I/O 口	用途
P0	①8 位拨码开关输入;②4×4 矩阵键盘(使用键盘时 8 位拨码开关应处于 OFF 状态
P1.0～P1.5	①6 位数码管位选;②P1.4 和 P1.5 也可作为 AD549 的数据线和时钟线(更改跳线 J_2、J_3 位置,此时这两位数码管不受控);P1.0 控制喇叭(更改跳线 J_9、J_{10} 位置)
P1.6～P1.7	串行 I^2C、E^2PROM(24C04)时钟线 SCL 和数据线 SDA(跳线 J_1 连线)
P2.0～P2.7	①7 段数码管段选,P2.7 控制数码管小数点;②跳线 J_4 连接时,P2.7 用于 TLC549 片选信号$\overline{CS}$
P3.0,P3.1	UART 串行口 MAX232 的 R1IN、T1OUT
P3.2	外部中断输入$\overline{INT0}$(跳线 J_5 连接)
P3.3	SPI 接口,TLC5615 数据线 DIN(虚拟板也可作为 TLC549 的数据线 SDO)
P3.4	①计数器 T0 外部脉冲(跳线 J_6 连接);②TLC5615 片选信号$\overline{CS}$(跳线 J_8 连接)
P3.5	SPI 接口,TLC5615 时钟线 SCLK
P3.6	留用,如外部扩展,作总线写$\overline{WR}$信号(虚拟板作为 TLC5615 片选信号$\overline{CS}$)
P3.7	留用,如外部扩展,作总线读$\overline{RD}$信号(虚拟板作为 TLC549 片选信号$\overline{CS}$)
带锁按压开关 W_1(ISP/EXE)	并行口编程方式时为编程/执行控制,按下为编程状态,弹起为执行程序状态;串行口编程方式时,W_1 为无效,应一直处于弹起状态

续表

I/O 口	用　　途
带锁按压开关 W_2($\overline{INT0}$)	J_5 的跳线连在$\overline{INT0}$端时，每按一次 W_2，脉冲源输出电平变化一次，产生中断$\overline{INT0}$所需的外部中断请求信号（注意：按两次才会产生一个脉冲）
带锁按压开关 W_3(T0)	J_5 的跳线连在 T0 端时，每按一次 W_3，脉冲源输出电平变化一次，产生 T0 定时器/计数器所需的外部技术脉冲（注意：按两次才会产生一个脉冲）

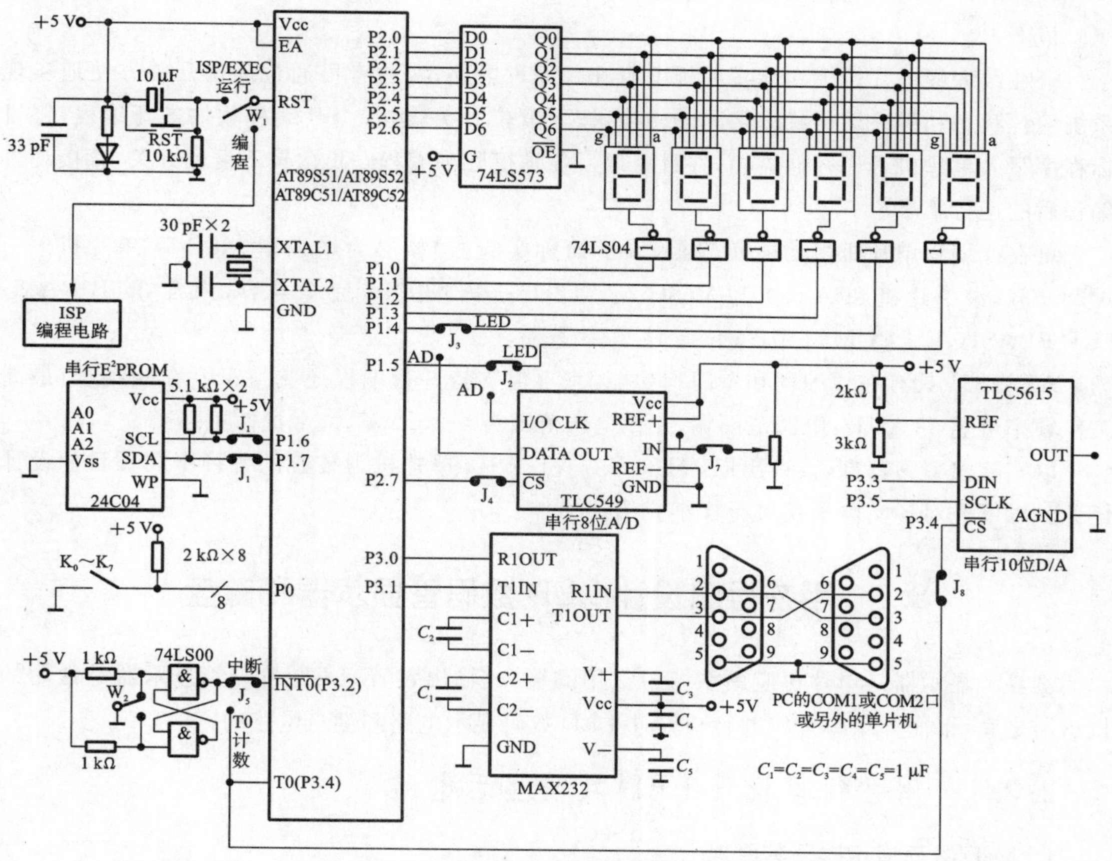

图 2.17　综合实验板实验部分电路图

注意：

①晶振频率为 12 MHz，各 I/O 口线的安排如下：
P0——开关输入；P2——段选；P1.0～P1.5——数码管位选；P3.2——INT0 中断；P3.4——T0 计数脉冲；P3.0、P3.1——UART 串行口；P1.6、P1.7——串行 E²PROM；P3.3～P3.5——串行 10 位 D/A 转换器（改变跳线）；P1.4、P1.5、P2.7——串行 8 位 A/D 转换器（改变跳线）。

②图中为短接块，改变短接块位置可改变相应 I/O 口线的安排。

③图中为带锁按压开关，按下或弹起分别接通不同的点。

④AT89C51/AT89C52 不能在线编程，需要另用专用编程器编程，但实验内容不变。

可在线编程(ISP)实验板具有在线编程(又称为烧写或下载)功能和程序运行功能,因此它既是编程器又是实验板。

实验板上留有用户扩展板区,用户可在上面焊接少量元件,用导线和板上的单片机旁的I/O口插针相连接来构成自己的小系统。

此外,还可提供选购附件:16×16 LED点阵显示屏、128×64 LCD显示器、4×4 键盘和步进电动机。

因为附件和ISP实验板两边都有插针,所以通过连接线能方便地将这些附件连接到ISP实验板上。

可在线编程单片机多功能实验板上有在线编程电路,实验者可通过复位开关方便地实现系统编程状态和程序运行状态之间的转换,按下复位开关,运行ISP编程软件进行编程,将目标程序写入单片机程序存储器内,并且可以反复地擦除和编程。再次按下复位开关,直接观察编程后的运行结果。

可在线编程单片机多功能实验板(以下简称实验板)核心为增强型MSC-51单片机——AT89S52,该单片机和AT8051/AT8052、AT89C51/AT89C52完全兼容,内含256B RAM、8KB FLASH、E^2PROM、3个16位定时器/计数器。

AT89S51具有在线编程和看门狗功能,它不但支持并行编程还支持ISP在线编程,最高工作频率可达33 MHz,电源范围宽,工作电压范围为4～5.5 V,抗干扰性更强。

以实验内容为基础,设计出以AT89S51/AT89S52单片机为核心的各种不同项目的设计任务。以下先对各实验模块进行详细介绍。

2.3 用并行口设计LED数码管显示器和键盘

键盘和显示器是单片机应用系统中常用的输入/输出装置,LED数码管显示器是常用的显示器之一,下面介绍单片机并行口设计LED数码显示电路和键盘电路的方法。

2.3.1 用并行口设计LED数码显示电路

1. LED数码显示器及其原理

LED有着显示亮度高、响应速度快的特点,最常用的是7段LED显示器,又称为数码管。7段LED显示器内部由7个条形发光二极管和一个小圆点发光二极管组成,根据各管的亮暗组合成字符。常见LED显示器的引脚排列如图2.18所示。其中,COM为公共点,根据内部发光二极管的接线形式,可分成共阴极型(见图2.19)和共阳极型(见图2.20)。

LED数码管的g～a、dp共8个发光二极管因加正电压而发光,因加零电压而不能发光,不同亮暗的组合就能形成不同的字形,这种组合成为字形码。显然,共阳极和共阴极的字形码是不同的,其字形码如表2.5所示。LED数码管每段需10～20 mA的驱动电流,可用TTL或CMOS器件驱动。

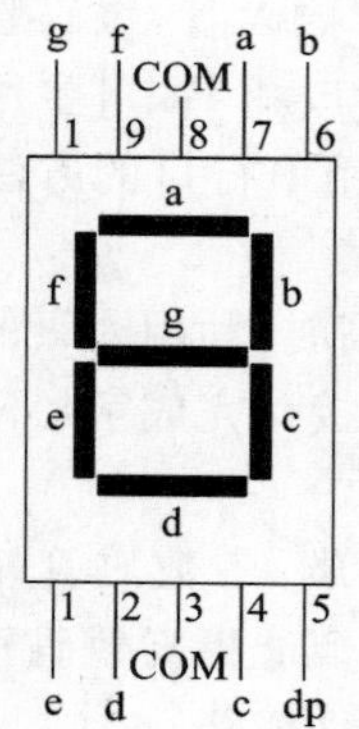

图 2.18　LED 管引排列图

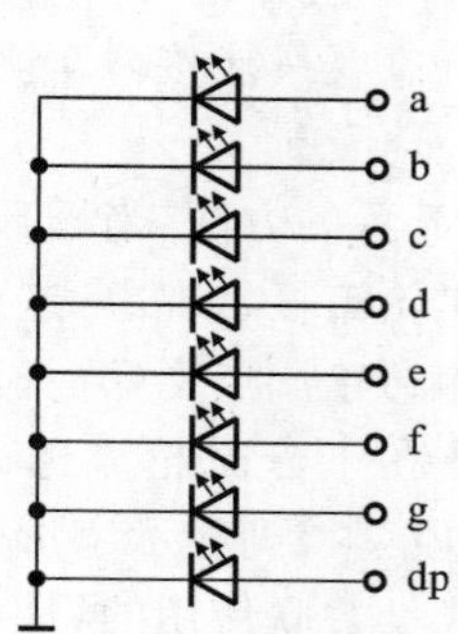

图 2.19　共阴极型

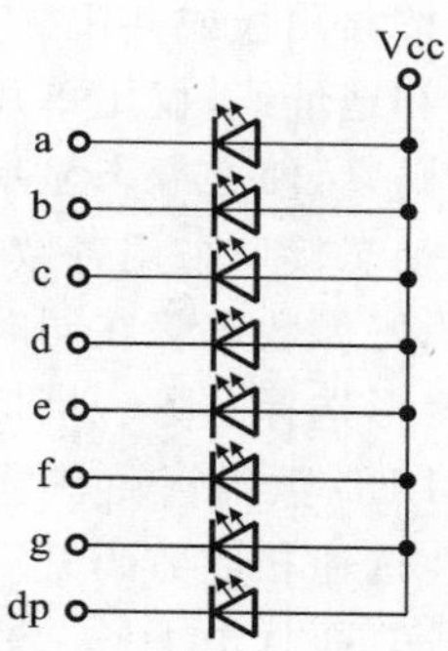

图 2.20　共阳极型

表 2.5　LED 字形显示代码表

显示字符	段符号								十六进制代码	
	dp	g	f	e	d	c	b	a	共阴极	共阳极
0	0	0	1	1	1	1	1	1	0x3F	0xc0
1	0	0	0	0	0	1	1	0	0x06	0xF9
2	0	1	0	1	1	0	1	1	0x5B	0xA4
3	0	1	0	0	1	1	1	1	0x4F	0xB0
4	0	1	1	0	0	1	1	0	0x66	0x99
5	0	1	1	0	1	1	0	1	0x6D	0x92
6	0	1	1	1	1	1	0	1	0x7D	0x82
7	0	0	0	0	0	1	1	1	0x07	0xF8
8	0	1	1	1	1	1	1	1	0x7F	0x80
9	0	1	1	0	1	1	1	1	0x6F	0x90
A	0	1	1	1	0	1	1	1	0x77	0x88
B	0	1	1	1	1	1	0	0	0x7C	0x83
C	0	0	1	1	1	0	0	1	0x39	0xC6
D	0	1	0	1	1	1	1	0	0x5E	0xA1
E	0	1	1	1	1	0	0	1	0x79	0x86
F	0	1	1	1	0	0	0	1	0x71	0x8E
H	0	1	1	1	0	1	1	0	0x76	0x89
P	0	1	1	1	0	0	1	1	0x73	0x8C

字形码的控制输出可采用硬件译码方式，如采用 BCD-7 段译码/驱动器：74LS48、74LS49、CDD4511(共阴极)或 74LS46、74LS47、CDD4513(共阳极)，也可以用软件查表方式输出。

2. LED 数码管的接口

数码管的接口有静态接口和动态接口两种。

静态接口为固定显示方式，无闪烁，其电路可采用一个并行口接一个数码管，数码管的公共端按共阴极或共阳极分别接地或 Vcc。这种接法占用接口多，如果 P0 口和 P2 口要用作数据线和地址线，仅用单片机片内的并行口就只能接两个数码管。也可以用串行口的方法接多个数码管，使之静态显示。

动态接口采用各数码管循环轮流显示的方法，当循环显示的频率较高时，利用人眼的暂留特性，好像数码管在同时显示而看不出轮流显示现象，这种显示需要一个接口完成字形码的输出(字形选择)，另一接口完成各数码管的轮流点亮(数位选择)。

LED 数码管动态显示的基本做法在于分时轮流选通数码管的公共端，各数码管轮流导通，在选通相应数码管后，即在显示字段上得到显示字形码。这种方式不但能提高数码管的发光效率，而且由于各个数码管的字段线是并联使用的，从而大大简化了硬件线路。

动态扫描显示接口是单片机系统中应用最为广泛的一种显示方法。其接口电路是把所有显示的 8 个笔画段 q～a 和 dp 同各端并联在一起，而每个显示器的公共极 COM 各自独立地受 I/O 口线控制，CPU 向字段输出口送出字形码时，所有显示器由于同名端连接接收到相同的字形码，但究竟是哪个显示器亮，则取决于 COM 端，而这个端口是由 I/O 控制的，所以就可以自行决定何时显示哪一位了。而所谓动态扫描是指采用分时的方法，轮流控制各个显示器的 COM 端，使各个显示器轮流点亮。

在轮流点亮扫描过程中，每位显示器的点亮时间是极为短暂的(约 1 ms)，但由于人的视觉暂留现象及发光二极管的余晖效应，尽管实际上各位显示器并非同时点亮，但只要扫描的速度足够快，给人的印象就是一组稳定的显示数据，就不会使人有闪烁感。

采用总线驱动器 74LS573 提供 LED 数码管的段驱动，输出高电平时点亮相应段；采用集电极开路的 BCD-十进制译码器/驱动器完成 LED 数码管位驱动，输出低电平时选通相应位。P2 口每个口线输出灌电流不足以驱动一个数码管显示器的位—公共极，所以通过集电极开路的 BCD-十进制译码器/驱动器，既节约 P2 口线，又增加驱动能力。

2.3.2 用并行口设计键盘电路

键盘是计算机系统中不可缺少的输入设备，当键盘少时可接成线性键盘，当按键较多时，占用口线较多。将键盘接成矩阵的形式，可以节省口线。例如，两个 4 位接口可接 16 个按键(4×4 矩阵的形式)，两个 8 位接口可接 64 个按键(8×8 矩阵的形式)。

矩阵键盘按键的状态同样需要变成数字量“1”和“0”，开关的一端(列线)通过电阻接 Vcc，开关另一端(行线)的接地是通过程序输出数字“0”实现的。矩阵键盘每个按键都有它的行值和列值，行值和列值的组合就是识别这个按键的编码。矩阵键盘的行线和列线分别通过两个并行口和 CPU 通信，在接键盘的行线和列线的两个并行口中，一个输出扫描码，使按键逐行动态接地(称为行扫描，键盘的行值)，另一个并行口输入按键状态(称为回馈信号，键盘的列值)。由行扫描和列回馈信号共同形成键编码。

用 8XX51 的并行口 P0 设计 4×4 矩阵键盘的电路及各键编码，如图 2.21 所示，图中 P0.0～P0.3接键盘行线，输出接地信号，P0.4～P0.7 接列线，输入回馈信号，以检测按键是否按下。不同的按键有不同的编码，通过编码识别不同的按键，再通过软件查表，查出该键的功能，转向不同的处理程序。因此键盘的处理程序的任务是：确定有无键按下；判断哪一个键编码；根据键的功能，转相应的处理程序。

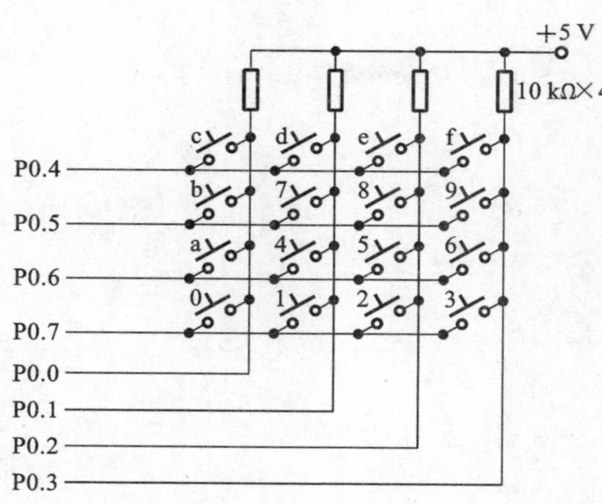

EE c	ED d	EB e	E7 f
DE b	DD 7	DB 8	D7 9
BE a	BD 4	BB 5	B7 6
7E 0	7D 1	7B 2	77 3

图 2.21 4×4 矩阵键盘

键的编码可通过软件对行、列值的运算来完成，这种键盘称为非编码键盘；键的编码也可由硬件编码器完成，这种键盘称为编码键盘。

编码键盘还要消除按键再闭合或断开时的抖动。消除抖动的方法可采用消抖电路(RS 触发器或者单稳态电路硬件消除抖动)，也可采用延时软件消除抖动(延时后再重读，以跳过抖动期)。在矩阵键盘中，通常采用软件消除抖动。

行列式键盘按键的识别方法有扫描法和反转法。

扫描法识别键盘的步骤如下。

(1) 判断有无键按下。依次拉低行线(或列线)，检查各列线(或行线)电平的变化，如果某列线(或行线)电平由高电平变为低电平，则可确定此行与交叉点处的按键被按下了。

(2) 确定是否真的有键被按下，并确定按键的位置。调用软件延时程序(10 ms)，然后再判断键盘状态，如果两次判断得到的与闭合的按键一致，则认为有一个确定按键被按下了。否则当作按键抖动处理，根据闭合键所在的行和列推算按键的键号。

(3) 键值处理。根据键号定义的值进行处理操作。

2.3.3 思考题

(1) 微处理器、CPU、单片机、嵌入式处理器之间有什么区别？

(2) 什么是"嵌入式系统"？

(3) AT89S52 单片机存储器结构的主要特点是什么？程序存储器和数据存储器各有什么不同？

(4) AT89S52 单片机内部 RAM 可分为几个区？各区的主要作用是什么？

(5) AT89S52 单片机有几种复位方法？

(6) 什么是时钟周期？什么是机器周期？什么是指令周期？当振荡频率为 12 MHz 时，一个机器周期为多少微秒？

(7) AT89S52 单片机引脚 ALE 的作用是什么？当不外接 RAM 和 ROM 时，ALE 上输出的脉冲频率是多少？其作用是什么？

第二篇
基础篇

第3章 单片机集成功能模块的应用

3.1 并行口(位、段)控制设计与应用(输入/输出方式)

并行输入/输出接口是嵌入式系统最基本的、使用最多的接口,通过并行口设计实验,可深入理解软件对硬件的控制作用,掌握并行I/O口控制外设的程序设计方法和仿真调试技术。

为什么计算机系统需要接口,这是因为计算机系统中,CPU统一为TTL电平,并行数据格式,而外设的种类繁多,电平各异,信息格式各不相同,必须进行转换使之匹配,转换的任务需要接口完成。而且CPU的数据线是外设或存储器与CPU进行数据传输的唯一公共通道,为了使数据线的使用对象不产生使用总线的冲突,以及快速的CPU和慢速的外设时间上协调,CPU和外设之间必须有接口电路。

CPU的输入/输出数据是依靠输入/输出指令完成的,一条指令的执行时间只有几纳秒或几微秒,而外设(如键盘、打印机等)的动作时间至少是毫秒数量级,输出指令执行完,外设还没来得及接收,数据线上已变成了下一条指令的机器码,因此数据先通过接口锁存,外设从锁存器上索取数据;同时对接口的地址译码可选择当前使用数据线的设备对象,接口传递外设忙闲、准备就绪等工作状态,协调CPU和输入/输出设备执行时间,发布CPU对外设的命令,当CPU数据格式和外设数据格式不一致时,接口还起信息格式转换的功能。因此,接口的功能是缓冲、锁存数据、地址译码识别设备、电平转换、信息格式转换、发布命令、传递状态等。

I/O口有并行口、串行口、定时器/计数器(简称T/C)、A/D转换器、D/A转换器等。用户只需根据外设的不同情况和要求来选择不同的接口芯片。其中,可编程接口是多功能的,通过初始化程序选择应用功能。

3.1.1 并行口(位、段)(输入/输出方式)设计的基本要求

(1) 熟练单片机I/O口的编程方法;

(2) 了解发光二极管LED的工作原理和驱动方法;

(3) 学习延时程序的编写和应用。

3.1.2 并行口(位、段)(输入/输出方式)设计原理

发光二极管,简称LED,是一种将电能转换成光能的特殊二极管。发光二极管是单片机

系统、嵌入式系统和电子仪器设备中经常使用的元件。

发光二极管与普通二极管一样，是由一个 PN 结组成的，具有单向导电性。当发光二极管工作在正向偏置状态，且有一定大小的电流通过发光二极管时，它会发出光来，光的颜色视发光二极管的制造材料而定，有红、黄、绿、蓝等颜色。发光二极管正向工作电压为 1.5 V 左右，正向电流为 5～15 mA。单片机引脚输出低电平时可直接驱动 LED。

采用总线驱动器 74LS573 提供 LED 数码管的段驱动，P2 口输出高电平时点亮相应段。本电路采用的是共阴极数码管，P1 口的 6 位口线分别经 74LS04 驱动，输出高电平选择段。

3.1.3 并行口(位、段)(输入/输出方式)设计的应用编程

1. 应用电路

用单片机 I/O 实现流水灯电路设计的应用电路如图 3.1 所示。

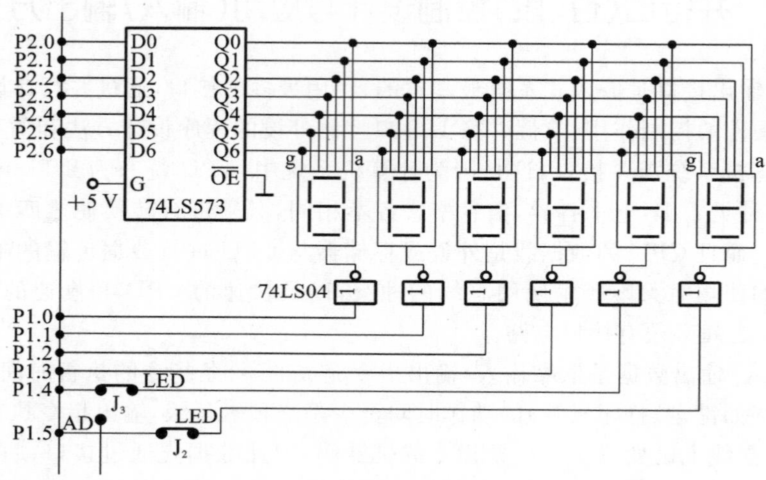

图 3.1 6 个数码管接口电路

图 3.1 中 74LS573 接成直通方式驱动数码管，用两个短接块将 J_2、J_3 上面的两引脚相连（见图 3.1 的黑线），这样 P1.4 和 P1.5 就连接了第 5 个和第 6 个数码管的阴极，此时这两个数码管可受程序控制工作。

图 3.1 所示的为接有 6 个共阴极数码管的动态显示接口电路，用 74LS573 接成直通的方式作为驱动电路，阴极用非门 74LS04 反向门驱动，字形选择由 P2 口提供，位选择由 P1 口控制。

2. 应用内容

1）实验 1——控制发光二极管的闪烁

（1）设计及要求。

设计：控制 1～6 盏发光二极管的闪烁。

要求：通过实践本实验，掌握延时语句、延时函数的编写；掌握延时时间的仿真测量方法，掌握带形参函数或者不带形参函数的编写。

(2) 解析。

什么是闪烁?闪烁其实就是灯的亮灭状态转换。闪烁的快慢就是灯亮灭状态切换的频率。如果灯闪烁太快,或者说切换频率太快,那么人眼就会无法分辨灯亮灭状态,最终看到的是灯处于常亮状态。这点同学们可以在实验中通过调节延时时长来体会。

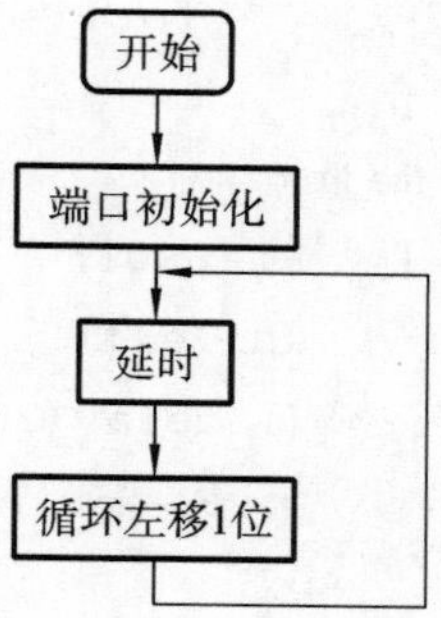

开始
端口初始化
延时
循环左移1位

图 3.2 实验 1 软件仿真参考流程图

(3) 参考程序。

软件仿真参考流程图如图 3.2 所示。

参考程序 1——采用循环语句实现延时的程序如下。

```
#include<reg51.h>
main( )
{  unsigned int i=0;
    P1=0x00;                          //初始化 P1 口,LED 的初始状态为灭
    while(1)
    {  P1=~P1;                        //灯状态翻转
         for(i=0;i<2000;i++);         //延时
    }
}
```

参考程序 2——不带形参的延时函数的程序如下。

```
#include<reg51.h>
void  delay( )                        //不带形参的延时函数
{
    unsigned int i,j;
    for(i=1000;i>0;i--)
      for(j=150;j>0;j--);
}
main( )
{   P1=0x00;                          //初始化端口,LED 的初始状态为灭
    while(1)
    {
        delay( );                     //调用延时子函数
        P1=~P1;                       //灯状态翻转
    }
}
```

参考程序 3——带形参的延时函数的程序如下。

```
#include<reg51.h>
void  delay(unsigned int t)           //带形参的延时函数
{     unsigned int i,j;
      for(i=t;i>0;i--)
```

```
        for(j=150;j>0;j--);
}
main( )
{   P1=0x01;                          //初始化端口,LED的初始状态为灭
    while(1)
    {  delay(2000);                   //调用延时子函数
       P1=~P1;                        //灯状态翻转
    }
}
```

2）实验2——流水灯

（1）设计及要求。

设计:用不同的方法实现流水灯。

要求:在单片机系统运行时,可以在不同状态下让流水灯显示不同的组合,作为单片机系统运行正常的指示。当单片机系统出现故障时,可以利用流水灯显示当前的故障码。

（2）解析。

将若干个灯泡有规律依次点亮或依次熄灭的灯就称为流水灯,流水灯更像“马儿一样跑动”的灯,故也称为“跑马灯”。一般情况下,单片机的流水灯由若干个LED发光二极管组成。

有D0、D1、D2、D3、D4、D5等6盏LED,可以设计如图3.3所示的右移流水灯。实现流水灯的方法很多,以下仅选取其中三种方法加以说明。

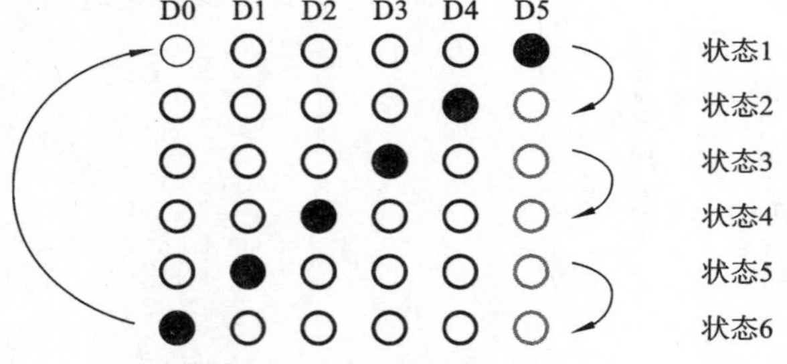

图3.3 右移流水灯状态转移图

（3）参考程序。

①方法一:对P1口直接赋状态值。

参考程序流程图如图3.4所示。

参考程序如下。

```
#include<reg51.h>                        //头文件
void  delay(unsigned int t)              //延时子函数
{
      unsigned int i;
      for(i=0;i<t;i++);
}
```

```
main( )                              //主函数
{   char k;                          //字符型变量
    P1=0x20;                         //初值 P1=010000,右移一位灯亮
    for(k=0;k<=5;k++)                //控制循环次数
    {
       delay(20000);                 //调用延时子函数
       P1>>=1;                       //P1 右移一位,下一位灯亮
    }
}
```

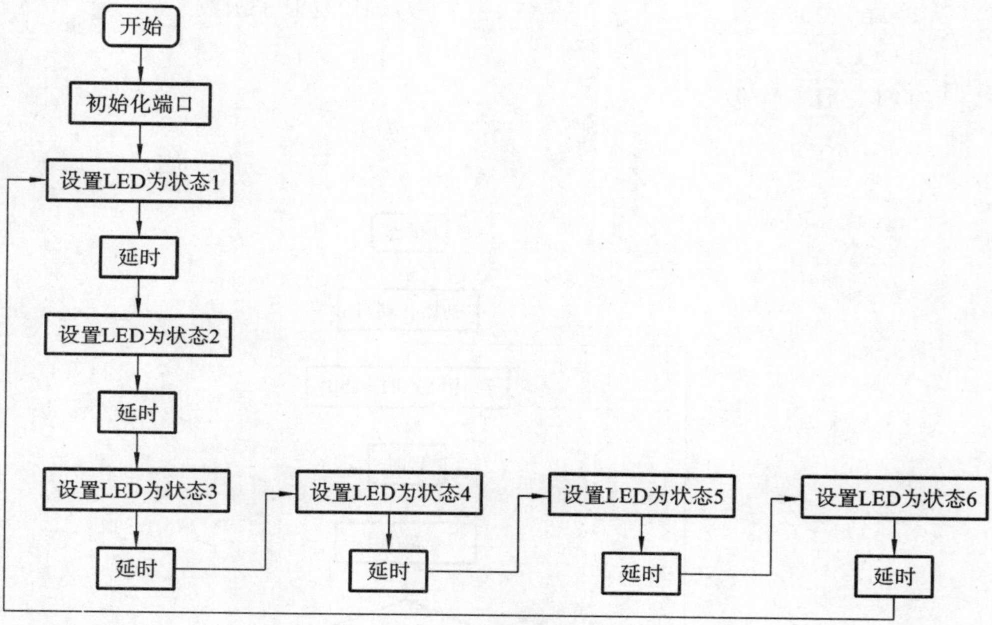

开始
初始化端口
设置LED为状态1
延时
设置LED为状态2
延时
设置LED为状态3
延时
设置LED为状态4
延时
设置LED为状态5
延时
设置LED为状态6
延时

图 3.4　实验 2 方法一的参考程序流程图

可通过主菜单中的"外设"→"端口",按热键 F7 或 F8,进行单步跟踪,观察 P1 口的变化。

将上述程序烧进单片机,观察实验板的执行现象。

将上述程序中的 P1 口改为 P2 口,完成上面相同的步骤。

②方法二:将灯的状态编写成字符型数组(注意:用来存放字符型数据的数组称为字符型数组),通过循环左移实现。举例如下。

```
char code a[3]={'H','0','W'};
```

参考程序流程图如图 3.5 所示。

参考程序如下。

```
#include<reg51.h>                   //头文件
sbit P10=P1^0;
//数组中存放的是流水灯状态的值
unsigned int tab[6]={0x01,0x02,0x04,0x08,0x10,0x20};
```

```
void  delay(unsigned int t)                      //延时子函数
{  unsigned int i=0;
   for(i=0;i<t;i++);
}
main( )                                          //主函数
{  char k=0;                                     //字符型变量
   P1=0x01;                                      //P1 口初始化
   while(1)
   {  P1=tab[i];                                 //设置 P1 口状态
      delay(20000);                              //调用延时子函数
      i++;
      if(i>6)  i=0;
   }
}
```

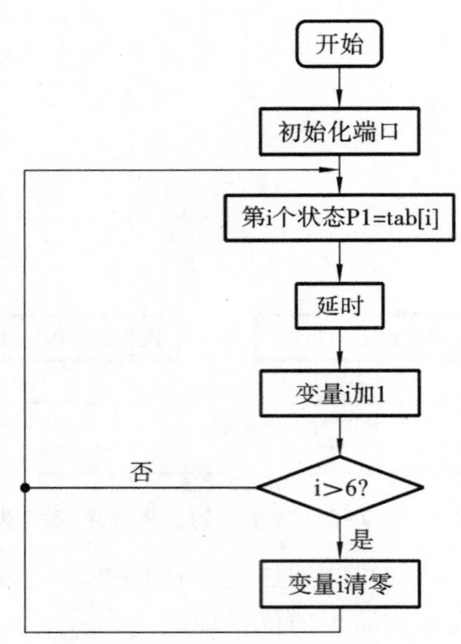

图 3.5 实验 2 方法二的参考程序流程图

③方法三:用库函数(循环左移)实现。

循环左移示意图如图 3.6 所示。

循环左移函数,即库函数_crol_(unsigned char,unsigned char)。

如何使用库函数_crol_( )来实现循环左移呢?

例如:“a=_crol_(a,1);”表示将 a 左移 1 位后再赋给 a;假设 a=0x01,转换为二进制为 0000 0001b,那么执行一次该语句后,a=0x02,即 0000 0010b,……每执行一次,“1”就左移一位。另外,_crol_( )函数包含在头文件 intrins.h 中,所以使用该函数之前一定要先添加该头文件。

参考程序流程图如图 3.7 所示。

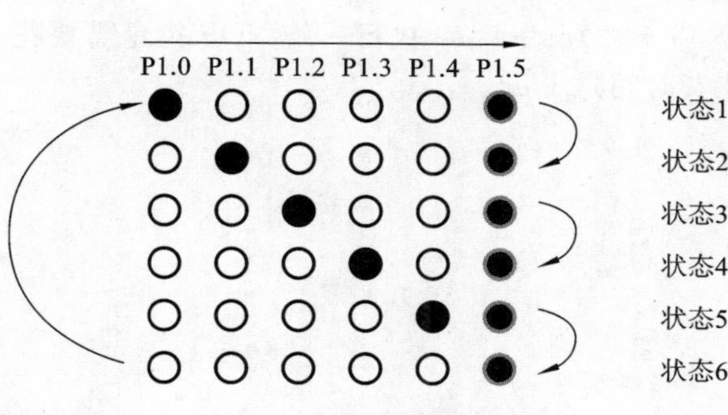

图 3.6 循环左移示意图

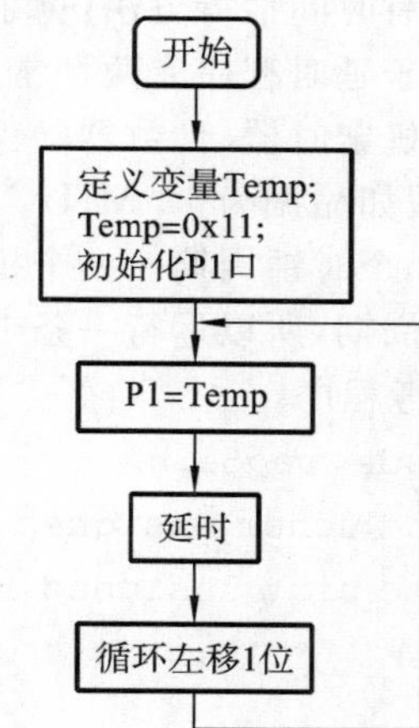

图 3.7 实验 2 方法三的参考程序流程图

参考程序如下。

```
#include<reg51.h>                    //头文件
#include<intrins.h>
sbit P10=P1^0;
void delay(unsigned int t)           //延时子函数
{
   unsigned int i=0;
   for(i=0;i<t;i++);
}
main( )                              //主函数
{ unsigned  char  Temp=x011;         //思考:为什么 Temp 的初值是 0x11,而非 0x01
  P1=0x0c;                           //初始化 P1 口
  while(1)
  {
       P1=Temp;                      //设置 P1 口状态
       delay(20000);                 //调用延时子函数
       Temp=_crol_(Temp,1);
  }
}
```

3）实验 3——数码的显示控制程序设计

(1) 设计及要求。

设计：从左往右每次点亮 1 个 LED，并在数码管上显示 0～F 的字形码，当点亮最右边即第 6 个 LED 时，再从左往右每次点亮 1 个 LED，点亮每个 LED 后的延时时间约为 200 ms。

要求：通过实验，熟练掌握数组和位控。

(2) 解析。

软件延时时间估算方法：为了观察发光二极管循环点亮，需要在点亮每个 LED 后，延时一段时间。关于延时程序有两种常用的方法：一是用定时器中断来实现，时间控制比较精准，但要占用单片机定时器/计数器硬件资源；二是用软件延时来实现。

例如：假如晶振为 12 MHz。一个时钟周期(也称为振荡周期)＝(1÷12)μs，即一个机器周期包含 12 个时钟周期。一个机器周期＝12×(1÷12)μs＝1 μs，执行一条 NOP 指令需要花费一个机器周期，所以运行一条 NOP 指令所花费时间是 1 μs。

(3) 参考程序。

```
#include<reg51.h>
#define uchar unsigned char
#define uint unsigned int
main( )
{
        uchar k,j;
        uint i;
        uchar code tab[16]={0x3f,0x06,0x5b,0x4f,0x66,0x6d,0x7d,0x07,
                            x7f,0x6f,0x77,0x7c,0x39,0x5e,0x79,0x71};
        for(j=0;j<16;j++)                   //控制 0~F 字循环
        {
            P2=tab[j];
            P1=0x01;
            for(k=0;k<6;k++)                //控制 1~6 灯的位循环
            {
                for(i=0;i<20000;i++);       //延时
                P1<<=1;                     //指向下一位
            }
        }
}
```

3.1.4 思考题

(1) P0、P1、P2 和 P3 口这 4 个并行 I/O 口是多少位？

(2) P1 口由哪几部分组成？P1 口可作为地址/数据复用总线使用吗？

(3) P2 口由哪几部分组成？P2 口可作为地址/数据复用总线使用吗？

(4) LED 的静态显示方式与动态显示方式有何区别？各有什么优缺点？

3.2 I/O 口(开关)控制设计与应用

3.2.1 I/O 口(开关)控制设计的基本要求

(1) 掌握 I/O 口的基本输入/输出功能；

(2) 掌握开关量输入/输出的接口技术及编程方法；

(3) 掌握延时子程序的编写和使用。

3.2.2　I/O口(开关)控制设计原理

P0口作为地址/数据线使用时,CPU及内部控制信号为“1”,转换开关MUX打向上面的触点,使反向器的输出端和 T_2(见图2.13)管栅极接通,输出的地址或数据通过与门驱动 T_1,同时通过场效应管 T_2 完成信息传送,数据输入时,通过缓冲器进入内部总线。

在使用P0口时应注意以下两点。

(1) 当作为输入接口使用时,应先对该接口写入“1”,场效应管 T_2 截止,再进行读入操作,以防止场效应管处于导通状态,使引脚钳拉到零而引起误读。

(2) 当作为I/O口使用时,T_1 截止,输出驱动极漏极开路,在P0口引脚上需外接10 kΩ的上拉电阻,否则 T_2 因无电源供电而无法工作。

3.2.3　I/O口(P0口)控制设计的应用编程

1. 应用电路

本实验需要用到单片机最小应用系统模块。开关 K_0～K_7 和单个数码管的电路图如图3.8所示。

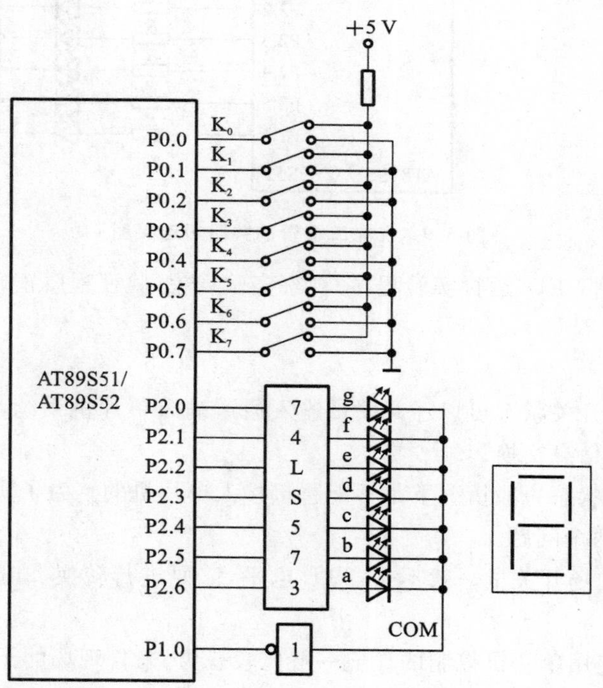

图3.8　开关 K_0～K_7 和单个数码管的共阳极连接电路图

2. 应用内容

1) 设计及要求

设计如下。

(1) 拨 2 键置“ON”时，将 P1 口的低 4 位定义为输出，高 4 位定义为输入，数字量从 P1 口的高 4 位输入，从 P1 口的低 4 位输出，控制发光二极管的亮灭。当 2 键置“OFF”时，停止显示。

(2) 拨动开关 K_0～K_7，观察对应发光二极管的显示情况。

(3) 拨动 N 号开关置“ON”，对应 N 号数码管显示 N。

(4) 如图 3.9 所示，2 个按键开关 S_1、S_2 分别与单片机 P0.0、P0.1 引脚相连，P2 口接有 7 个发光二极管，编写控制程序以实现拨 S_1 开关，发光二极管从上依次点亮，拨 S_2 开关，发光二极管从下到上依次点亮，点亮间隔都为 1 s。无键按下，则灯全灭。

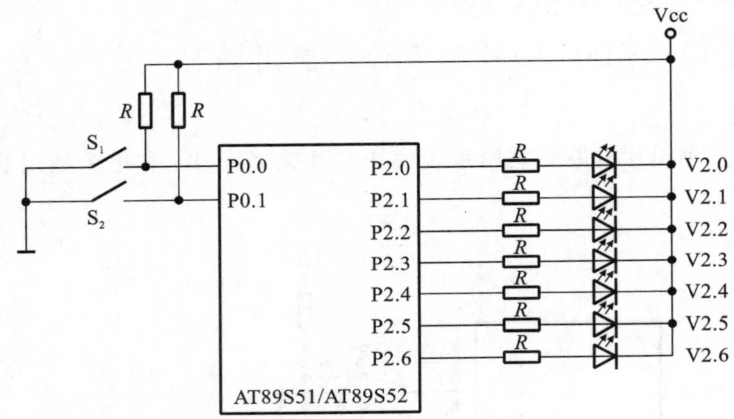

图 3.9 发光二极管的共阴极连接图

要求：用开关控制 LED，运行实验程序，观察实验现象，验证程序正确性。

2)解析

开关量的输入。

被控对象的一些开关状态可以经开关量输入通道输入单片机系统，单片机通过它的端口线和被控对象接口的信息交换。

被控对象的开关状态一般情况下是不能直接接入单片机的。为了实现与被控对象的信息交换，必须解决以下两个问题。

① 电平匹配。现场开关量一般不是 TTL 电平，需要进行转换。电平转换的最简单方法是采用分压电路。

② 电气隔离。使用单片机控制的环境一般比较恶劣，来自现场的干扰严重。为避免现场电气对单片机的干扰，必须将单片机和现场电气隔离。隔离的一般方法是采用光电隔离。

3) 参考程序

根据设计(1)，设计的实验电路如图 3.10 所示。

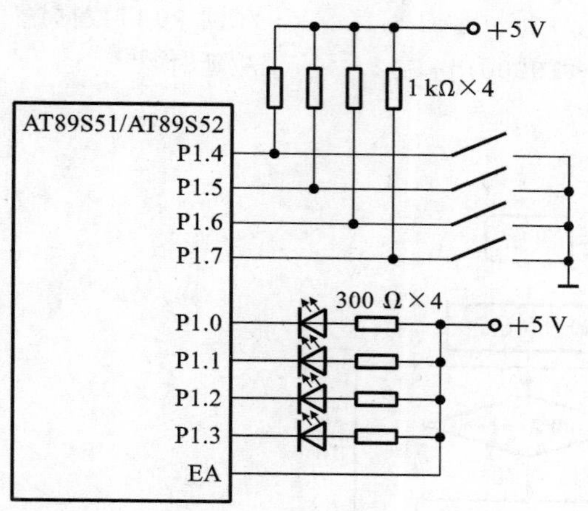

图 3.10　实验电路图

程序流程图如图 3.11 所示。

参考程序如下。

```
#include<reg51.h>
  sbit P02=P0^2;
  main( )
  {   unsigned char data k,j;
      while(1)
      {if(P02==1)
          {P1=P1|0xF0;                        //声明高 4 位为输入
           K=P1;
           P1=(k>>4)&0x0F;
            for(j=0;j<10000;j++);             //延时
          }
         P1=0x00;
         for(j=0;j<10000;j++);                //延时
      }
  }
```

(2)根据设计(2),程序流程图如图 3.12 所示。

参考程序如下。

```
#include<reg51.h>
main( )
{   P0=0x0FF;                             //P0 口初始化,设置 P0 口为输入方式
    P1=0x00;                              //P1 口初始化,6 个灯全灭
    while(1)
    {
```

```
        P1=P0;                          //读 P0 口数据送 P1 口输出
        for(j=0;j<10000;j++);           //延时
    }
}
```

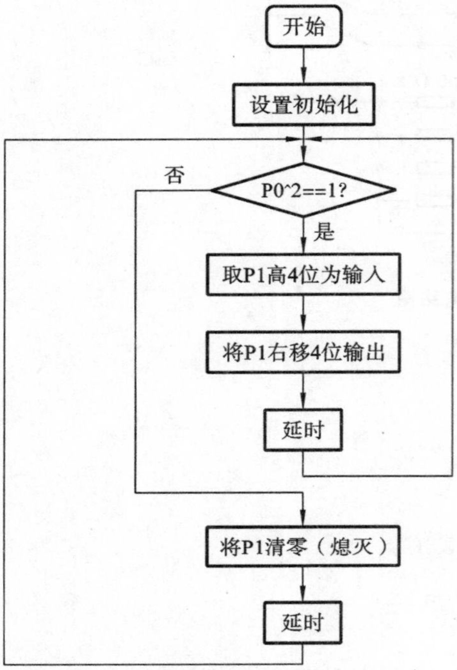

开始
设置初始化
P0^2==1?
否
是
取P1高4位为输入
将P1右移4位输出
延时
将P1清零（熄灭）
延时

图 3.11　开关控制 LED(1)

开始
P0、P1口置“1”
读入P0口的值
将读入的值输出到P1口
延时

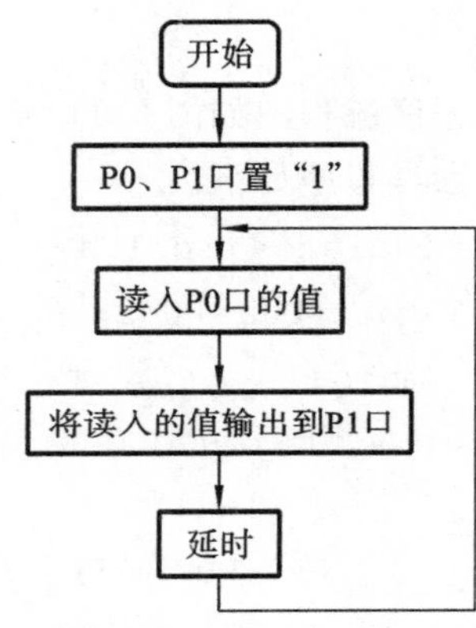

图 3.12　开关控制 LED(2)

根据设计(3)，程序流程图如图 3.13 所示。

参考程序如下。

```
#include<reg51.h>
main( )
{
        P0=0xff;
        while(1)
        {  switch(P0)
           {   case  0xfe:P1=0x01;P2=0x06;break;
               case  0xfd:P1=0x02;P2=0x5b;break;
               case  0xfb:P1=0x04;P2=0x4f;break;
               case  0xf7:P1=0x08;P2=0x66;break;
               case  0xef:P1=0x10;P2=0x6d;break;
               case  0xdf:P1=0x20;P2=0x7d;break;
               case  0xbf:P1=0x40;P2=0x07;break;
```

```
            case  0x7f:P1=0x80;P2=0x7f;break;
        }
    }
}
```

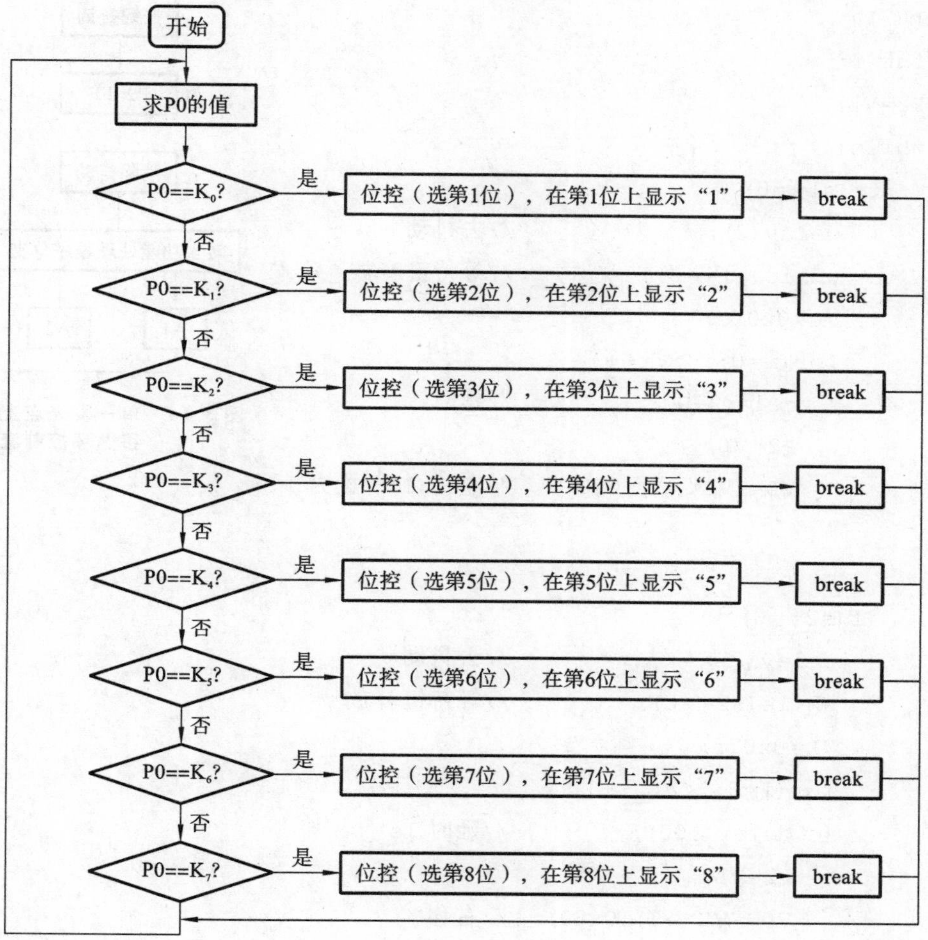

开始

求P0的值

P0==K_0? 是 → 位控（选第1位），在第1位上显示“1” → break；否 ↓

P0==K_1? 是 → 位控（选第2位），在第2位上显示“2” → break；否 ↓

P0==K_2? 是 → 位控（选第3位），在第3位上显示“3” → break；否 ↓

P0==K_3? 是 → 位控（选第4位），在第4位上显示“4” → break；否 ↓

P0==K_4? 是 → 位控（选第5位），在第5位上显示“5” → break；否 ↓

P0==K_5? 是 → 位控（选第6位），在第6位上显示“6” → break；否 ↓

P0==K_6? 是 → 位控（选第7位），在第7位上显示“7” → break；否 ↓

P0==K_7? 是 → 位控（选第8位），在第8位上显示“8” → break

图 3.13　开关控制位和 LED(3)

根据设计(4)，实验电路如图 3.9 所示。

程序流程图如图 3.14 所示。

参考程序如下。

```
#include<reg51.h>
int  VL=0x0FF;
sbit  s1=P0^0;
sbit  s2=P0^1;
void  delay(int  m)                //延时函数,延时约 m×10 ms
```

```
{   int i,j;
    for(i=0;i<m;i++)
        for(j=0;j<1200;j++);
}
main( )
{   int i;
    P2=VL;
    while(1)
    {   if(s1==0)
        {   delay(2);                //去抖动
            while(s1==0);            //等待键释放
            VL=0x0fe;
            for(i=0;i<8;i++)
            {   delay(100);          //延时 1s
                P2=VL;
                VL=(VL<<1)|0x01;     //左移,LSB 置为 1
            }
        }
        if(s2==0)
        {   delay(2);                //去抖动
            while(s2==0);            //等待键释放
            VL=0x07f;
            for(i=0;i<8;i++)
            {   delay(100);          //延时 1s
                P2=VL;
                VL=(VL>>1)|0x80;     //右移
            }
        }
    }
}
```

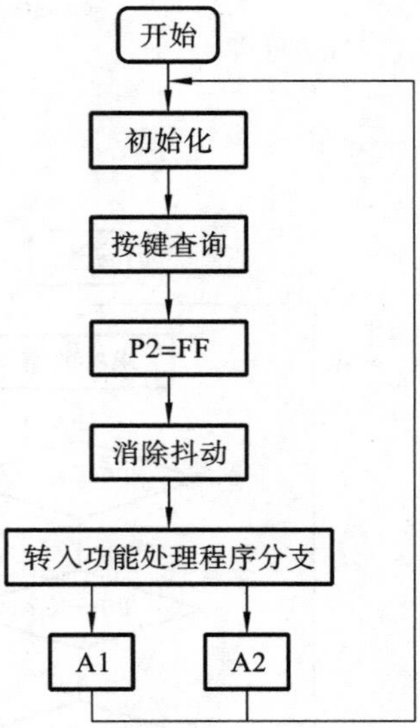

图 3.14　单一发光点上移和下移循环控制流程图

3.2.4　思考题

(1) P0 口由哪几部分组成？P0 口可作为地址/数据复用总线使用吗？

(2) P0 口作为输出口使用时为什么需要外接上拉电阻？其他三个 I/O 口是否也需要外接上拉电阻？

3.3　喇叭的发声控制设计与应用

3.3.1　喇叭的发声控制设计的基本要求

(1) 熟练单片机 I/O 口的编程方法；
(2) 学习延时程序的编写和应用。

3.3.2　喇叭的发声控制设计原理

喇叭有许多种类，但其基本的工作原理是相似的，即均是一种将电信号转换为声音信号进行重放的元件。

音频电流经过喇叭的音圈后，音圈在音频电流的作用下，便产生交变的磁场，永久磁铁同时也产生一个大小和方向不变的恒定磁场。由于音圈所产生磁场的大小和方向随音频电流的变化不断地改变，这样两个磁场的相互作用就使音圈做垂直于音圈电流方向的运动，音圈和振动膜相连，从而带动振动膜产生振动，振动膜振动引起空气的振动，因此喇叭发出声音。输入音圈的电流越大，其磁场的作用力就越大，振动膜振动的幅度也就越大，声音就越响。喇叭发出高音的部分主要在振动膜的中央，喇叭振动膜的中央材质越硬，则其重放的声音效果越好。喇叭发出低音的部分主要在振动膜的边缘，如果喇叭的振动膜边缘较大、柔软且纸盆口径较大，则喇叭发出的低音效果越好。

3.3.3　喇叭的发声控制设计应用编程

1. 应用电路

本实验电路图如图 3.15 所示，波形图如图 3.16 所示。

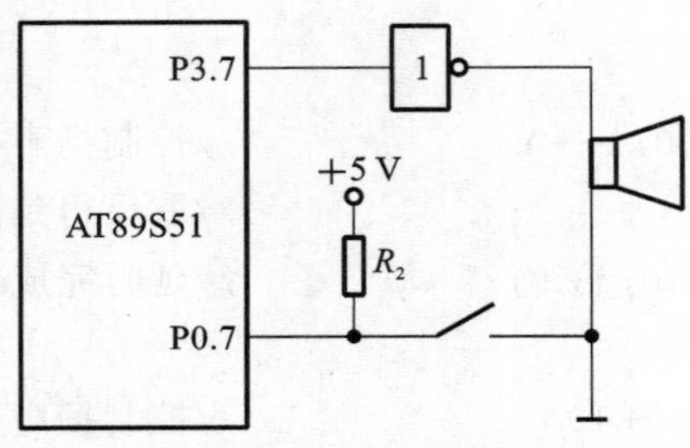

图 3.15　扬声器电路图

2. 应用内容

1) 设计及要求

设计：用 P3.7 输出 1 kHz 和 500 Hz 的音频信号驱动扬声器，作为报警信号，要求 1 kHz 信号周期为 100 ms，500 Hz 信号周期为 200 ms，交替进行。

要求：用 P0.7 接一开关进行控制，当开关合上时，则报警信号发出响声，当开关断开时，则报警信号停止。

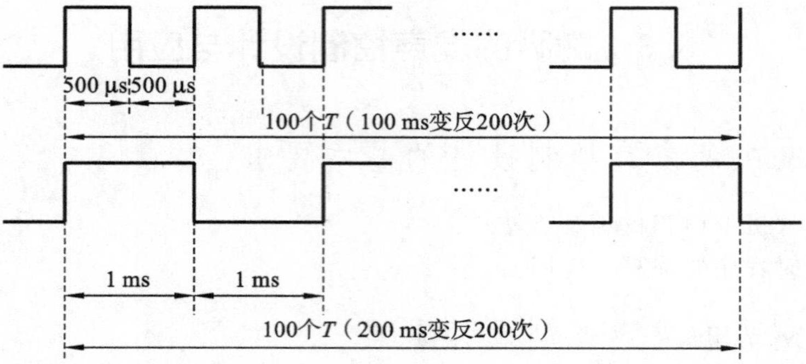

图 3.16 电子报警波形图

2）解析

500 Hz 信号周期为 2 ms，信号电平为每 1 ms 变反一次。1 kHz 信号周期为 1 ms，信号电平每 500 μs 调用子程序，延时 1 ms 只需调用 2 次，用 R_2 控制音响时间长短，A 作为音响频率的交换控制的标志。$A=0$ 时产生 1 kHz 信号，$A=0xFF$ 时产生 500 Hz 信号。

3）参考程序

```
#include<reg51.h>
sbit P37=P3^7;
sbit P07=P0^7;
main( )
{ unsigned char  j;
  unsigned  int  i;
  while(1)
  {  P07=1;
     while(P07==0)
     { for(i=1;i<=500;i++)              //控制扬声器时间
       {  P37=~P37;                     //取反得到高低电平
          for(j=0;j<50;j++);            //延时完成信号周期时间
       }
     for(i=1;i<=250;i++)                //控制扬声器时间
     {  P37=~P37;                       //取反得到高低电平
        for(j=0;j<100;j++);             //延时完成信号周期时间
     }
    }
  }
}
```

注意：上述程序只产生报警效果，报警周期和时间长短是不符合要求的，要想合乎要求，最好用定时器定时。

3.3.4　思考题

(1) 要让扬声器发出较响的声音,则需多少个 T?

(2)要求扬声器发出不同声响,应如何修改电路和程序?

3.4　按键与键盘矩阵设计与应用

3.4.1　按键与键盘矩阵应用的基本要求

(1) 熟练掌握独立按键的编程方法;

(2) 熟练掌握行列式键盘矩阵编程方法;

(3) 掌握单片机系统行列式键盘驱动程序的编写方法;

(4) 熟练掌握按键抖动和重键的处理方法。

3.4.2　按键与键盘矩阵原理

1. 键盘的构成

键盘是单片机系统中最常用的一种输入设备,数据、内存地址、命令及指令地址等都可以通过键盘输入系统。键盘接口按不同标准有不同分类方法。

根据按键接口是否进行硬件编码,键盘可分成编码键盘和非编码键盘。编码键盘能自动提供对应被按键的编码信息(如 ASCII 码),并能同时产生一个选通脉冲来通知微处理器,还具有处理抖动和多键串键的保护电路。这种键盘的优点是使用方便,但需要较多的硬件,价格较贵。非编码键盘全部工作都依靠程序来实现,包括按键的识别、按键代码的产生、消去抖动和防止串键等,所需的硬件较少,价格也便宜。单片机系统中主要采用非编码键盘方式。

此外,根据排布方式,键盘还可分成独立方式(一组相互独立的按键)和矩阵方式(以行列组成矩阵);根据读入键方式,键盘可分成直读方式和扫描方式;根据 CPU 响应方式,键盘可分成查询方式和中断方式。各种不同方式的键盘适用于不同的系统。当按键较少时,一般采用独立方式,而当按键较多时,采用矩阵方式。采用独立方式时,CPU 响应方式可以是查询方式,也可以是中断方式;采用矩阵方式时,CPU 响应方式一般是查询方式。

2. 按键引起的弹跳(抖动)现象

常用键盘的按键实际上就是一个机械开关结构,被按下时,由于机械触点的弹性及电压突跳等原因,在触点闭合或断开的瞬间会出现电压弹跳(抖动)。如图 3.17(a)所示,当键按下时,按键从开始接上至接触稳定要经过数毫秒的抖动时间,按键松开时也同样。这种抖动可能会引起一次按键被读入多次的情况,必须消除抖动。消除抖动有硬件或软件的方法,通常在键数较少时,可用硬件去抖动,如图 3.17(b)所示的 RS 触发器,或用最简单的 RC 滤波器等。键数较多时,常用软件去抖动,在检测出键闭合后,执行一个延时程序来产生数毫秒的延时,让前沿抖动消失后再检测键的闭合;在检测到键松开后,也要进行数毫秒的延时,让后沿抖动消失后再检测下一次键的闭合。

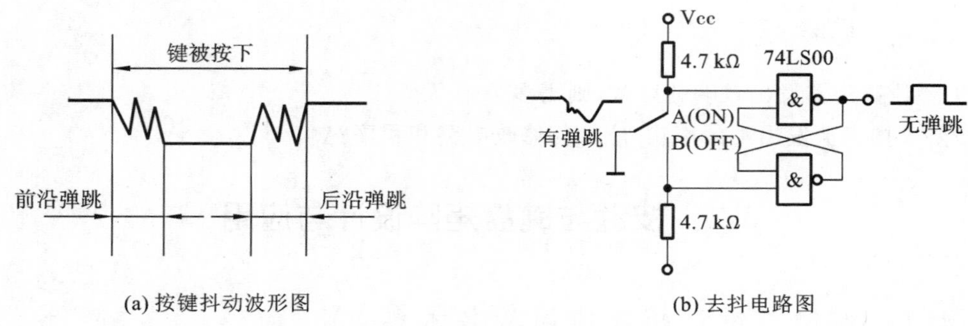

(a) 按键抖动波形图　　(b) 去抖电路图

图 3.17　按键弹跳及反弹跳电路

3. 键盘的确认及接口硬件、软件任务

从按键到键的功能被执行主要包括两项工作：一是键的识别，即在键盘中找出被按的是哪个键，二是键功能的实现。第一项工作使用接口电路实现，第二项工作通过执行中断服务程序或子程序来完成。此节只讨论第一项工作，即按键识别问题。

按键识别是以软硬件结合的方式来完成的，具体哪些由硬件完成，哪些由软件完成，要看键盘接口电路的情况。一般来说，硬件复杂，软件就简单，硬件简单，软件就会复杂。

键盘接口除了要用一定的方法消除按键抖动外，对于非编码键盘还应包含怎样识别键盘中所按键的含义(键码)等问题，综合起来主要问题如下。

(1) 检测是否有键按下。

(2) 若有键按下，判定是哪一个键。

(3) 确定被按下的键的含义。

(4) 反弹跳(去抖动)。

(5) 不管一次按键持续的时间有多长，仅采用一个数据。

(6) 防止串键。串键是指同时有一个以上的键被按下而造成的编码出错，不同的情况有不同的处理办法。

①“两键同时按下”时，最简单的处理方法是当只有一个键被按下时才读取键盘的输出，并且认为最后仍被按下的键是有效的键。这种方法常用于软件扫描键盘场合。另一种方法是当第一个键未松开时，按第二键不起作用。这种方法常借助于硬件来实现。

②“n 个键同时按下”时，或者不理会所有被按下的键，直至只剩下一个键按下时为止；或者将键的信息存入内部键盘输入缓冲器，对其进行逐个处理，这种方法成本较高。

4. 独立式键盘接口

独立式键盘接口采用直接读入方式工作，直接读入方式键盘接口是一个输入接口，输入接口主要功能是解决数据输入的缓冲(选通)问题。

1) 直接由单片机 I/O 输入

独立式键盘实际上就是一组独立的按键，这些按键一端直接与单片机的 I/O 口连接，每个按键独占一条 I/O 口线，单片机的输入口线经电阻接＋5 V 电源，键盘的另一端接地，无键按下时单片机的输入口线状态皆为高电平，当有键按下时，该键对应单片机的输入口变为低电平，即可判定按键的位置。

按键开关是利用机械触点的闭合或断开实现电路转换的开关。

如图3.18所示，按下开关将导致输入端口的电压由Vcc变为0 V。其中，图3.18(a)适用于对接内部有上拉电阻的端口引脚，图3.18(b)适用于对接内部没有上拉电阻的端口引脚，如本电路所用到的P0口。

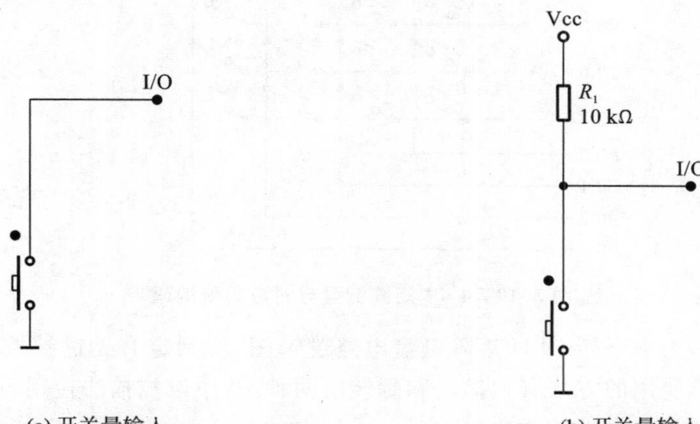

(a) 开关量输入
（适用于对接内部有上拉电阻的端口引脚）

(b) 开关量输入
（适用于对接内部没有上拉电阻的端口引脚）

图3.18　按键开关在端口的连接

所有机械开关的触点在闭合或断开时都会产生抖动。抖动时间长短和开关的机械特性有关，一般为5～10 ms。

为了确保单片机对一次按键动作只确认一次按键有效，必须消除按键抖动的影响。消除按键抖动可以采用硬件消抖和软件消抖的办法。

软件消抖采取的办法是：延时消抖，检测到有键被按下时，延时10 ms后再读取对应的P0.n引脚，如果第二次和第一次读取的结果一致，那么认为该键确实被按下了。

2）用TTL电路作为输入接口

当单片机的I/O口不能满足键盘输入需要时，就要进行I/O扩展，最简单的I/O扩展是使用中小规模集成电路芯片。按键的识别，可采用查询方式实现，根据按键码，执行相应子程序，从而完成相应的键功能。

若采用中断控制传送方式进行简单的键盘输入口扩展，当有键被按下时，产生中断请求，CPU响应中断，执行中断服务程序来完成键功能。

5. 矩阵键盘接口

当非编码键盘的按键较多，采用独立式键盘占用I/O口线太多时，可采用矩阵式（也称为行列式）键盘。行列式键盘用m条I/O口线组成行输入口，用n条I/O口线组成列输出口，在行列线的每一个交点处，设置一个按键，组成一个矩阵，如图3.19所示。矩阵键盘所需要的连线数为行数＋列数，如4×4的16键矩阵键盘需要8条线与单片机相连。

1）矩阵键盘扫描原理

矩阵键盘接口一般采用扫描读入方式工作，扫描式键盘接口是一个输入/输出口，行是输入口，而列是输出口，输入口的主要功能是解决数据输入的缓冲（选通）问题，而输出口的主要功能是进行数据保持能力（锁存）。

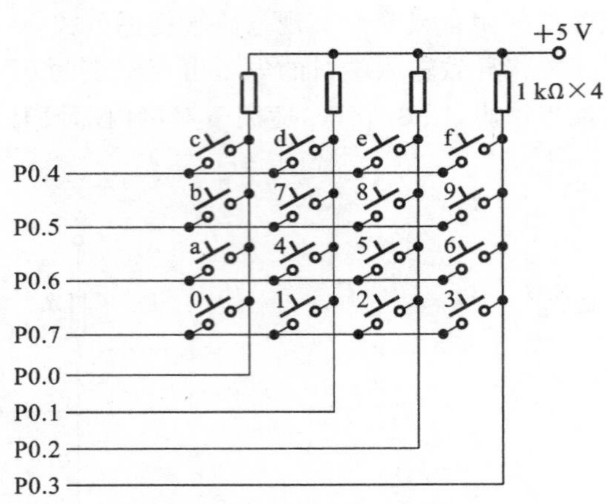

图 3.19　4×4 矩阵键盘与对应的键编码

图 3.19 所示的为一个 4×4 的矩阵键盘电路逻辑图，为判定有无键被按下(闭合键)及被按下的键的位置，可使用的方法有扫描法和翻转法两种，其中以扫描法使用较为普遍。因此以扫描法为例，说明查找闭合键的方法。

2) 扫描法识别键盘的步骤

(1) 首次是判断有无键被按下。依次拉低行线(或列线)，检查各列线(或行线)电平的变化，如果某列线(或行线)电平由高变平变为低电平，则可确定此行与交叉点处的键被按下。

(2) 去抖动。经扫描确定有键按下后，紧接着要进行去抖动处理。一般为简单起见多采用软件延时的方法，调用软件延时程序(延时 10 ms)，然后再判断键盘状态，如果两次判断得到的闭合键一致，则认为有一个确定的键被按下了，否则当作按键抖动处理，根据闭合键所在的行和列推算按键的键号。

(3) 键码计算。按键确定之后，下一步是计算闭合键的键码，并通过跳转指令(如 JMP 指令)把程序转到闭合键所对应的子程序，进行字符、数据的输入或命令的处理。若直接使用该闭合键的行、列值组合产生键码，这样会使各子程序的入口地址比较散乱，给 JMP 指令的使用带来不便。所以通常都是以键的排列顺序安排键号，图 3.19 所示的键号是按从左到右从上向下的顺序编排的。这样安排，使键码既可以根据行号查表求得，也可以通过计算得到。按图 3.19 所示的键码编排规律，各行首键号依次是 00H、04H、08H、0CH，如列号按 0～3 顺序，则键码的计算公式为

$$键码=行首键号+列号$$

根据键号定义的功能对键值进行相应的处理。

在这种矩阵式非编码键盘的单片机系统中，对键的识别通常采用两步扫描判别法。下面说明两步扫描判别法识别是哪一个键被按下的工作过程。

首先判别按键所在的行，由单片机 P0 口向键盘传送(输出)列扫描字，然后读入(输入)行线状态。其方法是：向 P0 口输出 0FH，即列线(图 3.19 所示的垂直线 P0.4～P0.7)输出全 0，行线(图 3.19 所示的平行线 P0.0～P0.3)输出全 1，然后将 P0 口低 4 位(行线)的电平状态读到一个临时变量 x_temp 中。如果有键按下，总会有一条行线被拉至低电平，从而使行输入不全为 1。在图 3.19 中，对应 P0.2 为低电平，即 x_temp＝0x0B。

然后判别按键所在的列，由单片机 P0 口向键盘传送（输出）行扫描字，然后读入（输入）列线状态。其方法是：向 P0 口输出 F0H，即行线（图 3.19 所示平行线 P0.0～P0.3）输出全 0，列线（图 3.19 所示的垂直线 P0.4～P0.7）输出全 1，然后将 P0 口高 4 位（列线）的电平状态读到一个临时变量 y_temp 中。如果有键按下，总会有一条列线被拉至低电平，从而使行输入不全为 1。在图 3.19 中，对应 P0.6 为低电平，即 y_temp＝0xB0。

将行和列的状态“或”运算得到 0xBB，再把该值取反得到该位置键值位 0x44，对应的二进制数为 01000100B。如表 3.1 所示，该键值对应第 3 行第 3 列的按键。

表 3.1　键值与行列对应关系

列				行			
4	3	2	1	4	3	2	1
0	1	0	0	0	1	0	0

同理，求出上述 16 个位置的键值如表 3.2 所示。这种键盘的键值表示方式分散度大且不等距，还需要进一步的程序处理，依次排列键值。

表 3.2　行列式键盘键值

行	列			
	C1(P0.4)	C2(P0.5)	C3(P0.6)	C4(P0.7)
R1(P0.0)	11H	21H	41H	81H
R2(P0.1)	12H	22H	42H	82H
R3(P0.2)	14H	24H	44H	84H
R4(P0.3)	18H	28H	48H	88H

(4) 等待键释放。为了保证键的一次闭合仅进行一次处理，计算键码后，延时等待键释放。

总结上述内容，键处理的流程如图 3.20 所示。

3.4.3　按键与键盘矩阵的应用编程

1. 应用电路

图 3.21 所示的为 I/O 口的基本输入/输出实验电路原理图，接口的安排是：P0 口为输入口，输入开关的状态，也可将图 3.19 的按键电路替换图 3.21 的开关电路。P1 和 P2 口是输出口，其中 P1 口控制 6 个数码管的哪一个点亮（位控），P2 口控制数码管哪一段点亮。

如果将 P0 口改接矩阵键盘，则 P0 口高 4 位为输出口，控制键盘列线的扫描，P0 口低 4 位为键盘行线状态的输入口，称为键输入口，P1 和 P2 口不变。以下介绍键盘输入子程序的设计步骤，共分四步。

如果将图 3.19 的按键电路替换图 3.21 的开关电路，则有以下步骤。

1）判定有无闭合键

扫描 P0.4～P0.7，输出全为 0，读 P0.0～P0.3。若 P0.0～P0.3 全为 1（键盘上行线为全高电平），则键盘上没有闭合键；若 P0.0～P0.3 不全为 1，则有键处于闭合状态。

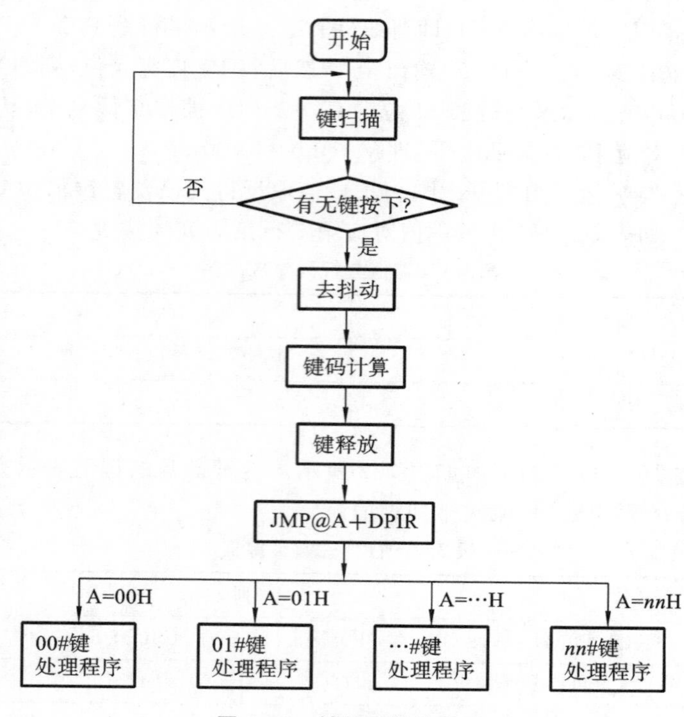

图 3.20 键处理的流程图

2）键盘去抖

判断出有键闭合后，延迟一段时间再判断键盘的状态，若仍有键闭合，则确认键盘有键按下，否则认为是键的抖动。

3）判断闭合键的键号

按照前面介绍的键扫描的方法，逐列输出低电平，再读入行值，由此判断所按的键号 $N=$ 行首键号＋列号。

4）键的一次闭合仅做一次处理

等待闭合键释放后再做处理。

2. 应用内容

1）设计及要求

设计：用两步扫描判别法识别 16 个按键，并且将按键情况显示出来。

要求：将 16 个按键定义为 0～9、＋、－、×、÷、确认和取消。在此电路上实现可完成四则运算的计算器。

2）解析

键盘用于实现单片机应用系统中数据和控制命令的输入，键盘输入也是单片机应用系统中使用最广泛的一种输入方式。键盘输入的主要对象是各种按键或开关。这些按键或开关可以独立使用，也可以组合成键阵使用。

单片机中常用的按键式键盘可以分为两类：独立连接式和矩阵式。

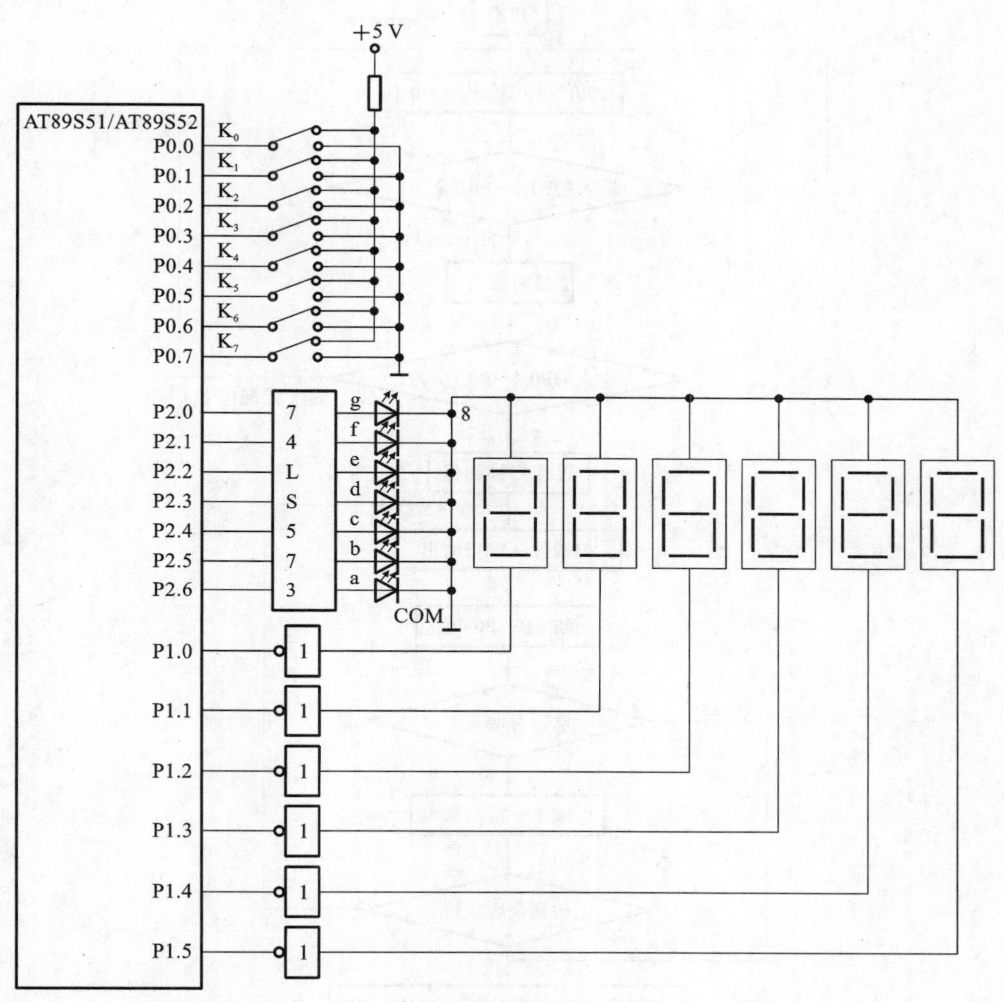

图 3.21　I/O 口的基本输入/输出实验电路原理图

独立连接式键盘是一种最简单的键盘，每个键独立接入一根数据输入线。

矩阵式键盘是指由若干个按键组成的开关矩阵。4 行 4 列矩阵式键盘如图 3.19 所示。这种键盘适合采用动态扫描方式进行识别，即如果采用低电平扫描，则回送线必须被上拉为高电平；如果采用高电平扫描，则回送线必须被下拉为低电平。这种键盘的优点是使用较少的 I/O 端口线可以实现对较多键的控制。

键被按下时，与此键相连的行线电平将由与此键相连的列线电平决定，而列线电平在无键按下时处于高电平状态。如果让所有列线处于高电平，那么键按下与否不会引起行线电平的状态变化，始终是高电平。

3）参考程序

4×4 矩阵键盘电路的键盘扫描程序流程图如图 3.22 所示。

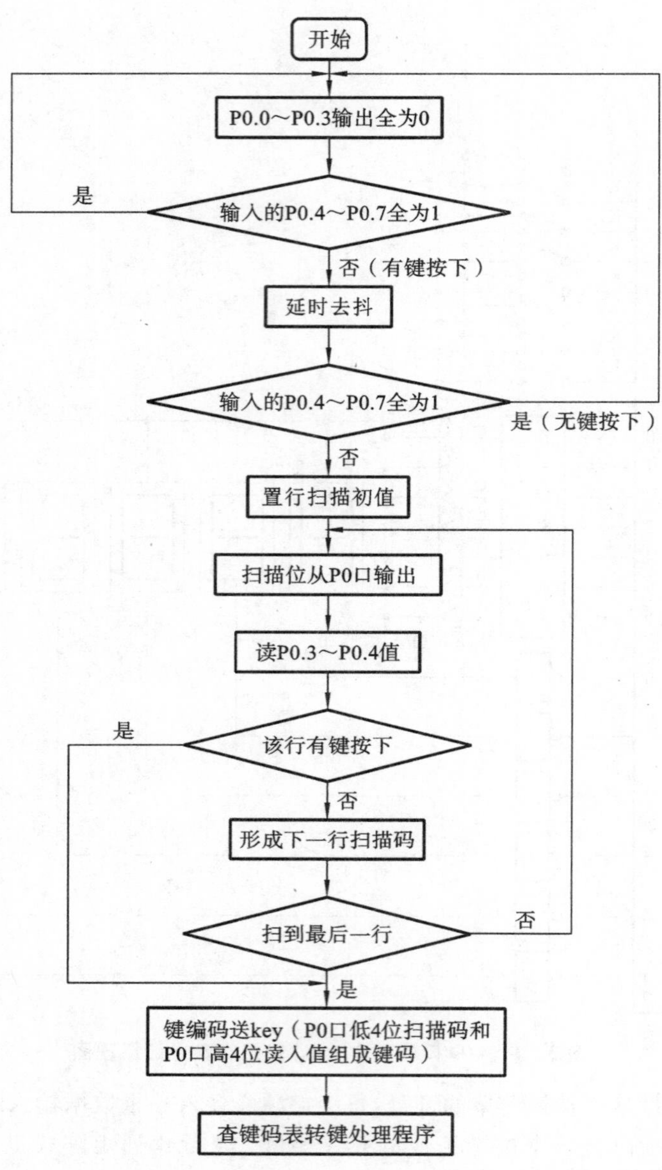

图 3.22 键盘扫描程序流程图

参考程序 1 如下。

```
#include<reg51.h>
void dlms(void);                                //函数说明
void kbscan(void);
int i,sccode,recode,key;
main( )
{    while(1)
```

```
    {  key=kbscan( );                   //键盘扫描函数,返回键码送 key 保存
       dlms( );
    }
}
void  dlms(void)                        //延时
{
    for(i=0;i<200;i++);
}
char  kbscan(void)                      //键盘扫描函数
{ P0=0xf0;                              //P0.0~P0.3 全为 0,P0.4~P0.7 输入
  if((P0&0xf0)!=0xf0)                   //若 P0 口高 4 位不全为 1,则有键按下
  { dlms( );                            //延时去抖动
      if((P0&0xf0)!=0xf0)               //重读输入值
      { sccode=0xfe;                    //最低位置 0
          while((sccode&0x10)!=0)       //不到最后一行则循环
          {  P0=sccode;                 //P0 口输出扫描码
             if((P0&0xf0)!=0xf0)        /*若 P0.4~P0.7 不全为 1,则该行有键
                                          按下*/
             { recode=P0&0xf0;          //保留 P0 高 4 位输入值
               sccode=sccode&0xf0;      //保留扫描码低 4 位
               return(sccode+recode);   /*行码+列码=键编码,返回主程序*/
             }
             else
               sccode=(sccode<<1)|0x01;  /*若该行无键按下,则查询下一行,
                                           扫描值左移一位*/
             }
          }
      }
    return(0);                          //无键按下,返回值为 0
}
```

参考程序 2 如下。

```
#include<reg51.h>
#include<stdio.h>
#include<intringe.h>
#include<Absacc.h>
#include<string.h>
#include<ctype.h>
#define  TRUE  1
```

```
#define  FALSE  0
void  initUart(void);                        //初始化串行口
void  time(unsigned  int  ucMs);             //延时单位:ms
#define  KEY_PORT  P0                        //按键接在 KEY_POR 口
char  KEY_Value=0xff                         //存放键值
char  Keyscan(void);                         //扫描按键函数——判别扫描法
char  Key_process(void);                     //键值处理程序
/*************main 函数*************/
void main(void)
{
   TMOD=0x10;                                //设置定时器 1 为工作方式 1
   TH1=-10000>>8;TL1=-10000%256;             /*定时器 1 每 10000 计数脉冲发生 1
                                               次中断,12 MHz 晶振,定时时间
                                               10000 us(10 ms)*/
   TCON=0x40;                                //内部脉冲计数(TR1=1)
   IE=0x88;                                  //打开定时中断(EA=1,ET=1)
   KEY_Value=0xff;
   do
   {  if(KEY_Value! =0xff)                   //如果有按键
      {  Key_process( );                     //键值处理程序
         KEY_Value=0xff;                     //重置键值
      }
   }while(TRUE);
}
/*************定时器/计数器 1 中断服务程序*************/
void  timer1int(void)  interrupt  3
{  EA=0;                                     //关总中断
   TR1=0;                                    //停止计数
   TH1=-10000>>8;TL1=-10000%256;             /*定时器 1 每 10000 计数脉冲发生 1
                                               次中断,12 MHz 晶振,定时时间
                                               10000 us(10 ms)*/
   TR1=1;                                    //启动计数
   KEY_Value=Keyscan( );
   EA=1;                                     //开总中断
}
/*************扫描按键函数——判别扫描法*************/

char Keyscan(void)                           //扫描按键函数——判别扫描法
```

```
{   char readkey,rereadkey;
    char  x_temp,y_temp;
    KEY_PORT=0x0f;
    x_temp=KEY_PORT&0x0f;
    if(x_temp==0x0f) return(0xff);           //无按键,退出
    KEY_PORT=0xf0;
    y_temp=KEY_PORT&0xf0;
    readkey=x_temp|y_temp;
    time(10);                                //延时 10 ms 后再测按键
    KEY_PORT=0x0f;
    x_temp=KEY_PORT&0x0f;
    if(x_temp==0x0f) return(0xff);           //无按键,退出
    KEY_PORT=0xf0;
    y_temp=KEY_PORT&0xf0;
    rereadkey=x_temp+y_temp;
    if(readkey==rereadkey)                   //2 次一致
    {
       return(~rereadkey);
    }
    return(0xff);
}
/*************键值处理程序**************/
void  KEY_process(void)                      //键值处理函数
{ switch(key_value)                          //根据中断源分支
  {     /*按第 1 行键*/
        case  0x11:  printf("key(R1,C1) is  pressed \n");  break;
                     /*可在此处插入该按键的处理程序*/
        case  0x21:  printf("key(R1,C2) is  pressed \n");  break;
                     /*可在此处插入该按键的处理程序*/
        case  0x41:  printf("key(R1,C3) is  pressed \n");  break;
                     /*可在此处插入该按键的处理程序*/
        case  0x81:  printf("key(R1,C4) is  pressed \n");  break;
                     /*可在此处插入该按键的处理程序*/
        /*按第 2 行键*/
        case  0x12:  printf("key(R2,C1) is  pressed \n");  break;
                     /*可在此处插入该按键的处理程序*/
        case  0x22:  printf("key(R2,C2) is  pressed \n");  break;
                     /*可在此处插入该按键的处理程序*/
```

```
        case  0x42:  printf("key(R2,C3) is  pressed \n");  break;
                     /*可在此处插入该按键的处理程序*/
        case  0x82:  printf("key(R2,C4) is  pressed \n");  break;
                     /*可在此处插入该按键的处理程序*/
        /*按第 3 行键*/
        case  0x14:  printf("key(R3,C1) is  pressed \n");  break;
                     /*可在此处插入该按键的处理程序*/
        case  0x24:  printf("key(R3,C2) is  pressed \n");  break;
                     /*可在此处插入该按键的处理程序*/
        case  0x44:  printf("key(R3,C3) is  pressed \n");  break;
                     /*可在此处插入该按键的处理程序*/
        case  0x84:  printf("key(R3,C4) is  pressed \n");  break;
                     /*可在此处插入该按键的处理程序*/
        /*按第 4 行键*/
        case  0x18:  printf("key(R4,C1) is  pressed \n");  break;
                     /*可在此处插入该按键的处理程序*/
        case  0x28:  printf("key(R4,C2) is  pressed \n");  break;
                     /*可在此处插入该按键的处理程序*/
        case  0x48:  printf("key(R4,C3) is  pressed \n");  break;
                     /*可在此处插入该按键的处理程序*/
        case  0x88:  printf("key(R4,C4) is  pressed \n");  break;
                     /*可在此处插入该按键的处理程序*/
        default:break;
    }
}
/*************延时 5 us 函数**************/
/*******对于 12 MHz 晶振,需要 2 个_nop_( );*******/
void  delay_5us(void)           //延时 5 us,晶振改变时只要改变这一函数
{    _nop_( );
     _nop_( );
    //_nop_( );
    //_nop_( );
}
/*************延时 50 us 函数**************/
void  delay_50us(void)                        //延时 50 us
{ unsigned  char  i;
    for(i=0;i<4;i++)
      {
```

```
        delay_5us( );
      }
}
/*************延时 100 us 函数**************/
void  delay_100us(void)                      //延时 100 us
{
   delay_50us( );
   delay_50us( );
}
/*************延时单位:ms**************/
void  time(unsigned  int  ucMs)           //延时单位:ms
{  unsigned  char  j;
   while(ucMs>0)
   {  for(j=0;j<10;j++) delay_100 us( );
      ucMs--;
   }
}
```

3.4.4　思考题

(1) 程序如何确保每按一次键,只处理一次?

(2) 如何识别按键是否为双击、长按?

(3) 什么是"按键抖动"? 如何"去抖"?

3.5　单片机的中断系统设计与应用

3.5.1　单片机中断系统设计与应用的基本要求

(1) 了解中断的基本概念,中断的处理过程;

(2) 掌握中断系统的基本结构和基本功能;

(3) 掌握中断系统初始化程序的方法;

(4) 掌握中断服务子程序的结构及编程技巧;

(5) 了解单片机外部中断脉冲触发和电平触发的不同应用。

3.5.2　单片机中断系统设计原理

中断是计算机的一项重要技术,它不仅与硬件有关还与软件有关。中断是指计算机执行正常程序时,系统外部或内部发生某一事件,请求计算机迅速去处理。计算机响应中断后,CPU 暂时中止当前的工作,转去处理所发生的事件。完成中断服务程序后,再回到原来被中止的地方,继续原来的工作。

中断技术是CPU等待外设请求服务的一种I/O方式，对于外设何时发生中断请求，CPU事先并不知道，因此，中断具有随机性。计算机与外设间的数据传送、故障处理、实时控制等往往都采用中断系统。一个CPU资源要面向多个任务，会出现资源竞争，中断技术实质上是一种资源共享技术。中断系统的应用大大提高了计算机的系统效率，实现了CPU与外设分时操作和自动处理故障。

引起中断的原因或设备称为中断源，实现这种功能的部件称为中断系统。当多个中断源同时向CPU申请中断时，CPU将根据每个中断源的优先级，优先响应级别最高的中断请求。

1. 中断的基本概念

(1) 中断：CPU暂时中止其正在执行的程序，转去执行请求中断的那个外设或事件的服务程序，等处理完毕后再返回执行原来中止的程序，这个过程称为中断。

(2) 中断源：中断源是指能发出中断请求，引起中断的装置或事件。

(3) 中断处理过程：中断处理过程大致可分为中断请求、中断响应、中断服务和中断返回四步。

1) 中断请求

中断源发出中断请求信号，相应的中断请求标志位(在中断允许控制寄存器(IE)中)置“1”。对于中断请求，如果没有被阻止，CPU将在下一个机器周期的状态周期 S_1 相应激活最高级中断请求。

2) 中断响应

CPU查询(检测)到某中断标志为“1”，在满足中断响应条件下，响应中断。如果存在下列情况，则中断请求不予响应：

(1) CPU正处于一个同级的或更高级的中断服务中。

(2) 当前指令是中断返回(RETI)或子程序返回(RET)，访问IE、IP的指令。这些指令规定，必须在完成这些指令后，还应继续执行一条后面的指令才能够响应中断请求。

3) 执行中断服务程序

中断服务程序应包含以下几个部分：

(1) 保护现场；

(2) 执行中断服务程序主体，完成相应的操作；

(3) 恢复现场。

4) 中断返回

在中断服务程序最后，必须安排一条中断返回指令RETI。

5) 中断响应等待时间

若排除CPU正在响应同级或更高级的中断情况，中断响应等待时间为3～8个机器周期。

6) 中断请求的清除

中断源发出中断请求，相应中断请求标志位置“1”。CPU响应中断后，必须清除中断请求“1”标志。否则，中断响应返回后，将再次进入该中断，引起死循环出错。

2. 中断控制

(1) 中断源与中断请求标志如表3.3所示。

表 3.3　中断源与中断请求标志

分　　类	中断源名称	中断申请标志	触 发 方 式	同级中断查询顺序	中断入口地址
外部中断	$\overline{\text{INT0}}$：外部中断 0	IE0（TCON.1）	P3.2 引脚上的低电平/下降沿信号引起的中断	先	0003H
内部中断	T0：定时器/计数器 0 中断	TF0（TCON.5）	T0 定时器/计数器溢出后引起的中断	↓	000BH
外部中断	$\overline{\text{INT1}}$：外部中断 1	IE1（TCON.3）	P3.3 引脚上的低电平/下降沿信号引起的中断		0013H
内部中断	T1：定时器/计数器 1 中断	TF1（TCON.7）	T1 定时器/计数器溢出后引起的中断		001BH
内部中断	TX 或 RX：串行口中断	RI(SCON.0) TI(SCON.1)	串行口接收完成或发送完一帧数据后引起的中断		0023H
外/内部中断	定时器 2 中断（仅 8052）	TF2(T2CON.7) EXF2(T2CON.6)	T2 定时器/计数器计数满后溢出，置标志位 TF2；或当外部输入 T2EX 从 1 下降到 0 时，置标志位 EXF2，引起中断	后	002BH

(2) 用户对中断的管理体现在以下两个方面。

①中断能否进行，即对构成中断的双方进行控制，也就是是否允许中断源发出中断申请和是否允许 CPU 响应中断，只有双方都被允许，中断才能进行。

用户对中断的这种管理是通过对特殊功能寄存器 IE(中断允许控制寄存器)的设置来完成的。

②当有多个中断源有中断请求时，用户控制 CPU 按照自己的需要安排响应次序。

用户对中断的这种管理就是对特殊功能寄存器 IP(中断优先级控制寄存器)的管理，一个中断源对应一位。如果对应位置"1"，则该中断源优先级别高；如果对应位置"0"，则该中断源优先级别低。当某几个中断源在特殊寄存器 IP 相应位同为"1"或同为"0"时，由内部查询确定其优先级，优先响应先查询的中断请求。CPU 查询的顺序为

$$\overline{\text{INT0}}\rightarrow \text{T0}\rightarrow \overline{\text{INT1}}\rightarrow \text{T1}\rightarrow \text{TI/RI}\rightarrow \text{T2}$$

3. 中断相关寄存器

与中断有关的特殊功能寄存器是中断允许控制寄存器(IE)、中断请求标志及定时器/计数器控制寄存器(TCON)、中断优先级控制寄存器(IP)及串行口控制寄存器(SCON)。

中断相关寄存器如表 3.4 至表 3.6 所示。

表 3.4　中断允许控制寄存器(IE)

EA	—	ET2	ES	ET1	EX1	ET0	EX0
中断总控	不用	T2	串行口	T1	$\overline{\text{INT1}}$	T0	$\overline{\text{INT0}}$

说明：EA=1，CPU 开中断；EX1=1，允许 INT1 中断；EA=0，CPU 关中断；EX1=0，禁止 INT1 中断；EX0=1，允许 INT0 中断；ET1=1，允许 T1 中断；EX0=0，禁止 INT0 中断；ET1=0，禁止 T1 中断；ET0=1，允许 T0 中断；ET2=1，允许 T2 中断；ET0=0，禁止 T0 中断；ET2=0，禁止 T2 中断。

表 3.5 定时器/计数器控制寄存器(TCON)

TF1	TR1	TF0	TR0	IE1	IT1	IE0	IT0
T1 请求 有/无	T1 工作 启/停	T0 请求 有/无	T0 工作 启/停	$\overline{\text{INT1}}$ 请求 有/无	$\overline{\text{INT0}}$ 方式 下沿/低电平	INT0 请求 有/无	$\overline{\text{INT0}}$ 方式 下沿/低电平

表 3.6 中断优先级控制寄存器(IP)

—	—	PT2	PS	PT1	PX1	PT0	PX0
无用位	无用位	T2 高/低	串行口 高/低	T1 高/低	$\overline{\text{INT1}}$ 高/低	T0 高/低	$\overline{\text{INT0}}$ 高/低

1）中断允许控制寄存器(IE)

8XX51/8XX52 单片机通过中断允许控制寄存器进行两级中断控制。EA 位作为总控制位,以各中断源的中断允许位作为分控制位。但总控制位为禁止(EA=0)时,无论其他位是 1 或 0,整个中断系统是关闭的。只有总控制位 EA=1,才允许由各分控制位设定禁止或允许中断,因此,单片机复位时,IE 的初值是(IE)=00H,中断系统处于禁止状态,即关中断。

2）中断请求标志及定时器/计数器控制寄存器(TCON)

这个寄存器既有中断控制功能,又有定时器/计数器的控制功能。其中与中断有关的控制位有 6 位:IE0、IE1、IT0、IT1、TF0、TF1。

IEX:外部中断 0($\overline{\text{INT0}}$)请求标志位,在 CPU 采样到$\overline{\text{INT0}}$引脚出现中断请求后,此位由硬件置 1;在中断响应完成后转向中断服务程序时,再由硬件自动清 0。这样就可以接收下一次外中断源的请求。

ITX:计数器 0 溢出标志位,当计数器 0 产生计数溢出时,该位由硬件置 1;当转到中断服务程序时,再由硬件自动清 0。这个标志位的使用有以下两种情况。

(1) 当采用中断方式时,这个标志位作为中断请求标志位,该位为 1,当 CPU 开中断时,则 CPU 响应中断。

(2) 当采用查询方式时,这个标志位作为查询状态位。

3）中断优先级控制寄存器(IP)

通过对 IP 的编程,可以把 5 个(89S52 为 6 个)中断源分别定义在两个优先级中。IP 是中断优先级控制寄存器,可以进行位寻址。IP 的低 6 位分别对应一个中断源;当某位为 1 时,相应的中断源定义为高优先级;当某位为 0 时,相应的中断源定义为低优先级。

89S51 单片机的硬件把全部中断源在同一个优先级的情况下按下列顺序排列了优先权,$\overline{\text{INT0}}$优先级最高,定时器 2 优先级最低。

4）串行口控制寄存器(SCON)

该寄存器共有八字节地址,其中与中断有关的控制位有以下两位。

TI:串行口中断请求标志位。在发送完一帧串行数据后,由硬件中断置 1,在转向中断服务程序后,用软件清 0。

RI:串行口接收中断请求标志位。在接收完一帧串行数据后,由硬件中断置 1,在转向中断服务程序后,用软件清 0。

4. 中断响应过程

中断请求→中断响应→中断服务→中断返回。

5. 中断服务函数的定义

中断服务函数的语法格式为

返回值　函数名([参数])　interrupt　n[using　m]

其中,interrupt　n 表示将函数声明为中断服务函数;n 为中断源编号,可以是 0～31 的整数,不允许是带运算符的表达式;using　m 选项用于实现工作寄存器组的切换,m 是中断服务程序中选用的工作寄存器组号(0～3),如果没有明确指定工作指寄存器组,则表示默认系统自动分配,范例如下。

```
void  函数名( )  interrupt  中断号 using  工作组
{
      中断服务程序内容
}
```

函数名( )　interrupt n　(n 为中断源编号)

n 通常取以下值:

0——外部中断 0;

1——定时器/计数器 0 溢出中断;

2——外部中断 1;

3——定时器/计数器 1 溢出中断;

4——串行口发送与接收中断;

5——定时器/计数器 2 中断。

举例如下。

```
void  time1( ) interrupt  3                    //定时器 1 中断函数
{
   TH1=0;                                       //初值重装
   TL1=0;
}
```

3.5.3　单片机中断系统设计的应用编程

1. 应用电路

ISP 实验板上中断实验电路连线如图 3.23 所示。

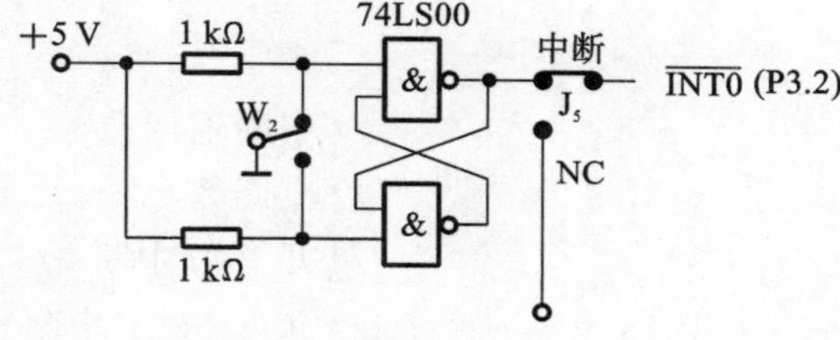

图 3.23　中断信号产生电路

注意：用不同的实验方式，元件标识是有区别的。两个与非门构成消抖电路。图 3.23 中粗黑线为短接块。用短接块将 J_5 连向$\overline{INT0}$时，脉冲源向单片机的外部中断$\overline{INT0}$引脚提供中断所需的脉冲，每按两次开关 W_2，电平变反一次，产生一个跳变沿，作为外部中断$\overline{INT0}$的中断请求信号。

2. 应用内容

1）设计及要求

设计如下。

(1) 按下中断键后，进入中断服务程序，使得段值移一位。

(2) 主程序为 P1 口接 6 个 LED，实现每次亮一个 LED 的流水灯；外部中断 0(INT0)为下降沿触发，INT0 中断服务程序是接在 P0 口的 4 个 LED 闪烁 3 次后返回主程序。

(3) 主程序为 P1 口接 6 个 LED，首先点亮所有 LED，然后每次熄灭一个 LED，当 P1 口所有 LED 全部熄灭时，再点亮所有 LED，进入到下一循环。

要求：通过实验，熟练掌握外部中断资源的应用。

2）解析

(1) 在设计中断时，要注意的是：哪些功能应该放在中断程序中，哪些功能应该放在主程序中。一般来说，中断服务程序应该做最少量的工作，这样做有很多好处。首先系统对中断的反应面更宽了，有些系统如果丢失中断或对中断反应太慢将产生十分严重的后果。这时有充足的时间等待中断是十分重要的。其次它可使中断服务程序的结构简单，不容易出错。

中断程序中放入的内容越多，它们之间越容易起冲突。简化中断服务程序意味着软件中将有更多的代码段。但可把这些都放入主循环中，中断服务程序的设计对系统的成败有至关重要的作用，要仔细考虑各中断之间的关系和每个中断执行的时间，特别要注意那些对同一个数据进行操作的 ISR。

(2) 中断函数不能传递参数。

(3) 中断函数没有返回值。

(4) 中断函数调用其他函数，要保证使用相同的寄存器组，否则出错。

(5) 中断函数使用浮点运算要保存浮点寄存器的状态。

3）参考程序

根据设计(1)，程序流程图如图 3.24 所示。

参考程序如下。

```
#include<reg51.h>
in0v( )  interrupt  0                 /*中断服务函数*/
{
    P2<<=1;
}                                     /*中断返回*/
main( )                               /*主函数*/
{   EA=1;                             /*开 CPU 中断*/
    EX0=1;                            /*允许 INT0 中断*/
    IT0=1;                            /*边缘触发中断*/
```

```
    P1=0x02;                                /*第二个数码管*/
    P2=0x01;                                /*亮 a 段*/
    while(1);                               /*等待中断*/
}
```

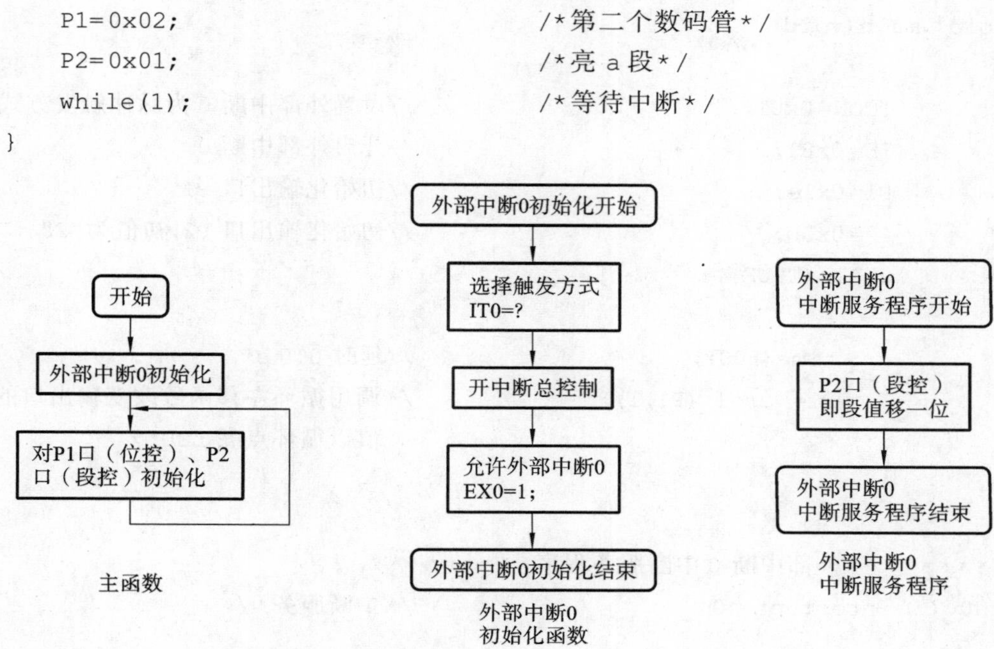

图 3.24 程序流程图(1)

根据设计(2),程序流程图如图 3.25 所示。

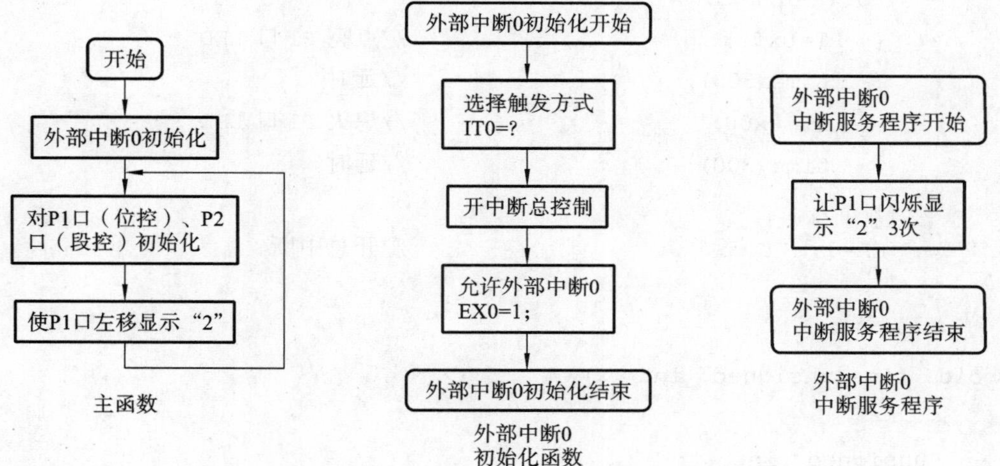

图 3.25 程序流程图(2)

参考程序如下。

```
#include<reg51.h>
#define  TRUE  1
void  time(unsigned  int  ucMs);       //延时单位:ms
```

```
void  main(void)
{
        TCON=0x01;                              //设置外部中断 0 为脉冲触发方式
        IE=0x81;                                //开启外部中断 0
        P1=0x1e;                                //初始化输出口 P1
        P2=0x5b;                                //初始化输出口 P2,初值为"2"
        while(TRUE)
        {
            time(500);                          //延时 0.5 s
            P1=_crol_(P1,1);                    /*调用循环左移函数改变输出口的
                                                  值以循环点亮 LED*/
        }
}
/********外部中断 0 中断服务程序********/
in0v( ) interrupt  0                            /*中断服务*/
{
        unsigned  char  k;                      //中断次数计数
        EA=0;                                   //关总中断
        for(k=0;k<3;k++)
        {  P1=0xff;                             //点亮 P1 口 LED
           time(300);                           //延时
           P1=0x00;                             //熄灭 P1 口 LED
           time(300);                           //延时
        }
        EA=1;                                   //开总中断
}

void  time(unsigned  int  x)
{
     unsigned  int  j;
     for(x;x>0;x--)
       for(j=123;j>0;j--);
}
```

根据设计(3),实验电路设计如下。

在实际应用中,可以采用优先级解码芯片(如 74LS148),把多个中断源信号作为一个中断。如图 3.26 所示,在有 8 个中断源的情况下,经 74LS148 优先解码后,只占 3 个 I/O 引脚就可分辨 8 个中断源,从而节省 I/O 资源。

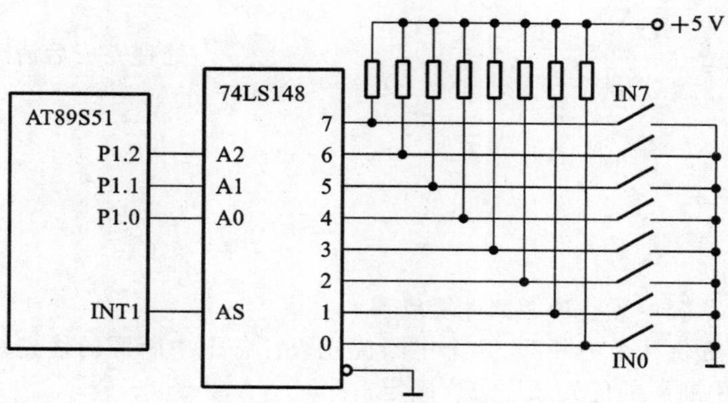

图 3.26　中断电路图

参考程序如下。

```
#include<reg51.h>
unsigned  char  status;
bit  flag;
void  service_int1( )  interrupt 2 using 2  /*INT1 中断服务程序,使用第 2 组
                                             寄存器*/
{
   flag=1;                                   //设置标志
   status=P1;                                //存储输入口状态
}
void  main(void)
{
   IP=0x04;                                  //置 INT1 为高优先级中断
   IE=0x84                                   //INT1 开中断,CPU 开中断
   for(;;)
   {
     if(flag)                                //有中断
     { switch(status)                        //根据中断源分支
       {   case  0:break;                    //处理 IN0
           case  1:break;                    //处理 IN1
           case  2:break;                    //处理 IN2
           case  3:break;                    //处理 IN3
           case  4:break;                    //处理 IN4
           case  5:break;                    //处理 IN5
           case  6:break;                    //处理 IN6
           case  7:break;                    //处理 IN7
           default:;
```

```
            }
            flag=0;                                      //处理完成后清除标志
        }
    }
}
```

3.5.4 思考题

(1) 中断控制系统由哪些功能部件组成？

(2) 单片机能提供几个中断源、几个中断优先级？各个中断源的优先级怎样确定？在同一优先级中，各个中断源的优先顺序怎样确定？

(3) 单片机在什么情况下可以响应中断？中断响应的过程是什么？

(4) 单片机的外部中断有哪两种触发方式？如何设置？对外部中断源的中断请求信号有何要求？

3.6 定时器/计数器设计与应用

3.6.1 定时器/计数器应用基本要求

(1) 掌握 AT89S51/AT89S52 单片机定时器/计数器的结构和工作原理；

(2) 理解定时器/计数器的各种工作方式和定时器/计数器计数能力；

(3) 掌握单片机定时器/计数器的应用、程序编写及设置；

(4) 掌握定时器/计数器 T0 和 T1 在定时器和计数器两种方式下的编程；

(5) 学习定时器/计数器 T2 的可编程时钟输出功能。

3.6.2 定时器/计数器设计原理

AT89S51/AT89S52 单片机有三个可编程的定时器/计数器，以满足定时或延时的需求。当为定时器时，将按照预先设置好的长度运行一段时间后产生一个溢出中断；当为计数器时，在单片机的外部中断引脚上检测到一个脉冲信号后计数器加 1，如果达到预先设置好的时间数目，则产生一个中断事件。计数方式可采取查询方式和中断方式进行计数。

1. 单片机定时器/计数器的工作原理和异同点

AT89S51/AT89S52 单片机定时器/计数器的工作原理是相同的，都是对脉冲进行计数的，只不过脉冲的来源不同，定时器的脉冲来源于晶振的 12 分频，计数器的则来自外部脉冲。若计数内部晶振驱动时钟，则它就是定时器；若计数输入引脚的脉冲信号，则它就是计数器。

AT89S51/AT89S52 单片机是工作在定时方式还是计数方式，计数脉冲是多少，可以通过相关的 SFR 寄存器来设定。在计数脉冲记满后，利用溢出标志信号实现查询或中断处理。下面分析定时功能和计数功能的异同点。

首先，大家一定要清楚什么是定时功能，什么是计数功能，二者有什么区别。

定时器和计数器都是加 1 计数的，定时器实际上也是以计数方式工作的，只是它对固定频率的脉冲计数，由于脉冲周期固定，因此可由计数值计算出时间。

当工作在定时方式时,输入信号是内部时钟脉冲,每个机器周期使寄存器的值增加1。每个机器周期等于12个振荡周期,故计数频率为振荡器频率的1/12,当采用12 MHz的晶振时,计数速率为1 MHz。

当工作在计数方式时,计数脉冲来自相应的外部输入引脚。当输入信号产生1到0的跳变时,计数寄存器的值增加1。识别引脚上的跳变需要2个机器周期,即24个振荡周期,故从外部输入的脉冲信号最高频率为晶振频率的1/24,当晶振为12 MHz时,最高计数频率为500 kHz,高于此频率,计数将出错。对外部输入信号的占空比没有特别要求的,为了确保采样,信号的电平至少要保持1个机器周期。

虽然定时功能和计数功能的本质都是计数,但是计数的对象不一样,定时功能是对机器周期进行计数的,而计数功能是对外接信号进行计数的。

下面以T0工作方式0为例进行讲解,如图3.27所示。

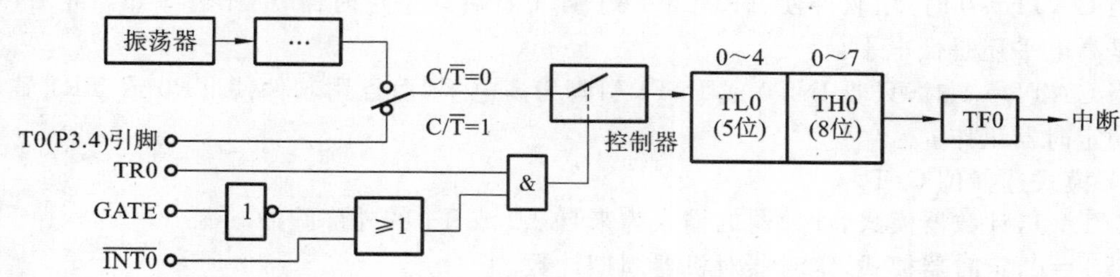

图3.27 T0工作方式0控制逻辑图

图3.27中,有一个单刀双置开关C/T̄,用于决定T0的工作方式:定时方式或计数方式。

(1) 当C/T̄=0时,开关接通定时功能(对机器周期计数);

(2) 当C/T̄=1时,开关接通计数功能(对由P3.4引脚传输的外部脉冲信号计数)。

计的数放在TH0和TL0中,不同的工作方式下,TH0和TL0的位数不一样(如表3.8所示),所以能够记录数值的范围也不一样。这就好比不同的工作方式下提供有不同大小的碗,能够装的水当然也不一样。计满后自动将溢出标志位TF0置位,同时向系统申请中断。

另外,图3.27中还有一个开关"控制端",用于控制定时/计数功能的启动或停止。这个开关由TR0、GATE、$\overline{\text{INT0}}$经一串组合逻辑电路(包括非门、或门、与门)控制。由逻辑电路可知:当GATE=0时,T0的启动与停止仅受TR0控制;当GATE=1时,T0的启动与停止由TR0和外部中断引脚$\overline{\text{INT0}}$上的电平状态共同控制。

2. AT89S51/AT89S52 **单片机定时器/计数器涉及的专用寄存器及其作用**

AT89S51单片机定时器/计数器涉及的专用寄存器是工作模式寄存器(TMOD),其负责设定单片机是工作于定时模式还是计数模式。TMOD是一个8位寄存器,其中低4位负责T0的设定,高4位负责T1的设定。M0、M1为工作模式设置位,通过设定M0、M1,可以使定时器/计数器工作于4种工作模式。而对于AT89S52单片机,由于有3个定时器/计数器,所以增加了T2MOD特殊功能寄存器供定时器/计数器T2使用。

通过TCON既可以查询定时器/计数器有没有溢出,又可以启动和停止定时器/计数器。

3.6.3 定时器/计数器的设置

通过设置控制字,可以对定时器进行设置和控制。定时器共有两个控制字。由软件写入

TMOD 和 TCON 两个 8 位寄存器，用来设置 T0 或 T1 的操作模式和控制功能。当系统复位时，两个寄存器所有位都被清 0。

1. 工作模式寄存器(TMOD)

工作模式寄存器(TMOD)用于控制 T0 和 T1 的操作模式。TMOD 中，低 4 位用于控制 T0，高 4 位用于控制 T1，如表 3.7 所示。

表 3.7 TMOD(工作模式寄存器)

D7	D6	D5	D4	D3	D2	D1	D0
GATE	$C/\overline{T}$	M1	M0	GATE	$C/\overline{T}$	M1	M0
T1				T0			

1）门控制位(GATE)

当 GATE=0 时，用软件使 TR0 或 TR1 置 1 就启动了定时器，而不管 INT0 或 INT1 的电平是高电平还是低电平。

当 GATE=1 时，只要 INT0 或 INT1 引脚为高电平，而且用软件使 TR0 或 TR1 置 1，才能启动定时器工作。

2）模式选择位 C/T

$C/\overline{T}$=1，计数器模式，计数器的输入为来自 T0 或 T1 的外部脉冲。

$C/\overline{T}$=0，定时器模式，定时器对机器周期计数。

3）操作模式控制位(M1 和 M0)

M1 和 M0 可形成 4 种编码，对应于定时器/计数器的 4 种操作模式，如表 3.8 所示。

表 3.8 操作模式

M1、M0	操作模式	功能描述
00	模式 0	为 13 位定时器/计数器
01	模式 1	为 16 位定时器/计数器
10	模式 2	自动重装 8 位定时器/计数器
11	模式 3	两个 8 位定时器/计数器

2. 定时器/计数器控制寄存器(TCON)

定时器/计数器控制寄存器(TCON)除可字节寻址外，各位还可以位寻址，TCON 字位如表 3.9 所示。

表 3.9 TCON(定时器/计数器控制寄存器)

D7	D6	D5	D4	D3	D2	D1	D0
TF1	TR1	TF0	TR0	IE1	IT1	IE0	IT0
T1 溢出标志位	T1 运行控制位	T0 溢出标志位	T0 运行控制位	外部中断 1 请求标志位	外部中断 1 触发方式选择位	外部中断 0 请求标志位	外部中断 0 触发方式选择位

1）TF1

TF1 是 T1 溢出标志位，当 T1 溢出时，硬件自动使中断触发器 TF1 置 1，并向 CPU 申请中断。在CPU响应进入中断服务程序后，TF1又被硬件自动清0。TF1也可以用软件清0。

2）TF0

TF0是T0溢出标志位，其功能和操作情况同TF1。

3）TR1

TR1是T1运行控制位，可用软件置1或清0来启动或关闭T1，使TR1位置1后，定时器T1便开始计数。

4）TR0

TR0是T0运行控制位，其功能及操作情况同TR1。

以上4位控制T1和T0以定时器方式运行中断。

5）外部中断位

低4位是外部中断位，它们分别是IE1、IT1、IE0和IT0，为外部中断INT1、INT0请求及请求方式控制位，复位时，TCON的所有位被清0。

3.6.4 定时器/计数器的四种工作模式

对M1、M0位的设置，可选择模式0、模式1、模式2和模式3等4种工作模式。在模式0、模式1和模式2时，T0和T1的工作模式相同，但在模式3时，两个定时器的工作过程不同。

1. 模式0

模式0是一个13位定时器/计数器。

(1) 定时器T0，由TH0的8位和TL0的低5位构成，TL0的高3位未用。

(2) 定时器T1，由TH1的8位和TL1的低5位构成，TL1的高3位未用。

当TL0和TL1的低5位溢出时，TH0或TH1溢出就向中断标志位TF0或TF1进位，并请求中断，如图3.28所示。

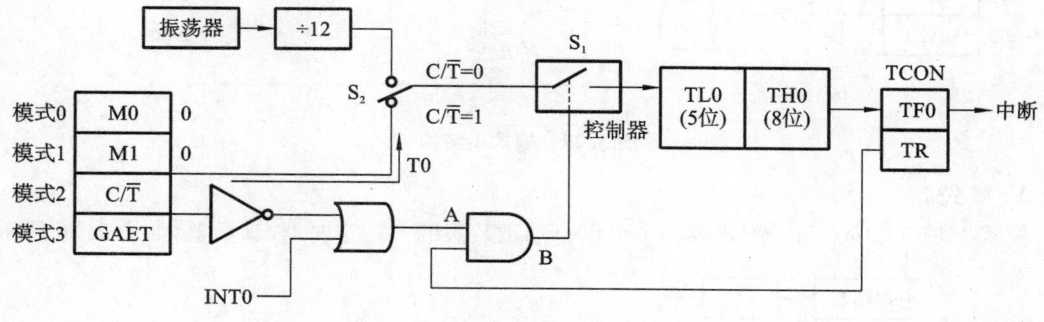

图3.28 模式0结构

1）定时方式

当C/$\overline{T}$=0时，控制开关接通振荡器12分频输出端，T0对机器周期计数，这是定时方式，其定时时间为

$$t=(2^{13}-\text{T0的初值})\times\text{机器周期}$$

例如，外接1个12 MHz晶体，则机器周期为1 μs，所以这种工作方式最大的时间间隔是在T0的初值等于0时，定时时间为$(2^{13}-1)\mu$s=8.192 ms。

2）计数器方式

当 $C/\overline{T}=1$ 时，控制开关使引脚 T0 与 13 位计数器相连，外部计数脉冲由引脚 T0 输入。当外部信号电平发生从“1”到“0”跳变时，计数器加 1，这时，T0 成为外部时间计数器。这就是计数方式。

当 GAET＝0 时，使或门输出 A 点电位为常“1”，或门被封锁，于是，引脚 INT0 输入信号无效，这时或门输出的“1”打开与门。B 点电位取决于 TR0 状态，于是由 TR0 一位就可以控制计数器开关 S_1，开启或关断 T0。或软件使 TR0 置 1，便接通计数开关 S_2，启动 T0 在原值上加 1 计数，直至溢出。溢出时，13 位寄存器清 0，TF0 置位，并申请中断，T0 仍从 0 重新开始计数。若 TR0＝0，则关断计数来管 S_2，停止计数。

当 GAET＝1 时，A 点电位取决于引脚 INT0 输入电平。仅当 INT0 输入高电平 TR0＝1 时，B 点才是高电平，计数开关 S_2 闭合，T0 开始计数，当 INT0 由 1 变 0 时，T0 停止计数。这一特性可以用于测量在 INT0 端出现的正脉冲的宽度。

2. 模式 1

模式 1 是一个 16 位定时器/计数器，除定时器/计数器位数与模式 0 不同外，其结构与操作几乎与模式 0 完全相同。当为定时方式时，定时时间为

$$t=(2^{16}-\text{T0 的初值})\times \text{振荡周期}\times 12$$

当为计数方式时，计数长度为 $2^{16}-1=65535$（个外部脉冲）。模式 1 结构如图 3.29 所示。

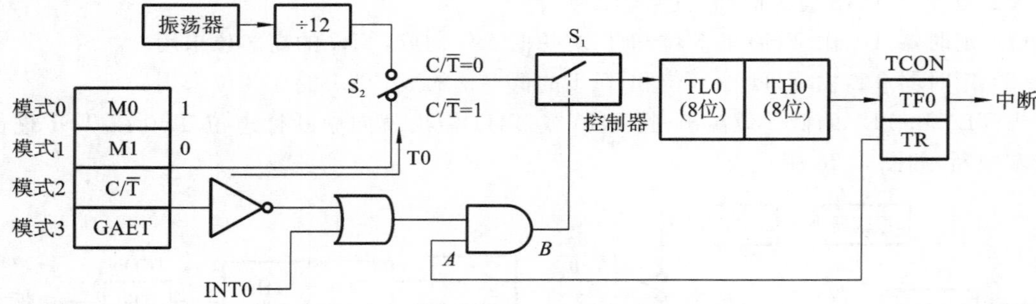

图 3.29 模式 1 结构

3. 模式 2

模式 2 把 TL0 或 TL1 配置成一个可以自动重装载的 8 位定时器/计数器，如图 3.30 所示。

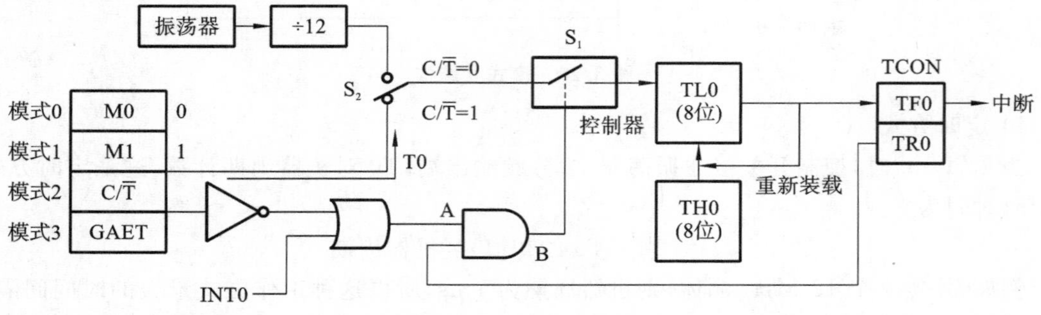

图 3.30 模式 2 结构

TL0 计数溢出时，不仅使 T0 溢出标志位 TF0 置 1，而且还自动把 TH0 中的内容装载到 TL0 中。这里 16 位的计数器被拆成两个，TL0 用于 8 位计数器，TH0 用于保持初值。

在程序初始化时，TL0 和 TH0 由软件赋予相同的初值。一旦 TL0 计数溢出，置位 TF0，硬件就会将 TH0 中的初值再次装入 TL0，继续计数，循环重复。

定时器工作方式时，其定时时间（TF0 溢出周期）为

$$t=(2^8-\text{TH0 的初值})\times\text{振荡周期}\times 12$$

计数器工作方式时，最大计数长度为 2^8 个＝256 个（外部脉冲）。

这种工作方式可省去用户软件重装常数的程序，并可产生相当精度的定时时间。特别适于串行口波特率发生器。

T1 和 T0 操作完全相同。

4. 模式 3

模式 3 对 T0 和 T1 是不相同的。

(1) 若将 T0 设置为模式 3，TL0 和 TH0 被分成两个互相独立的 8 位计数器，如图 3.31 所示。

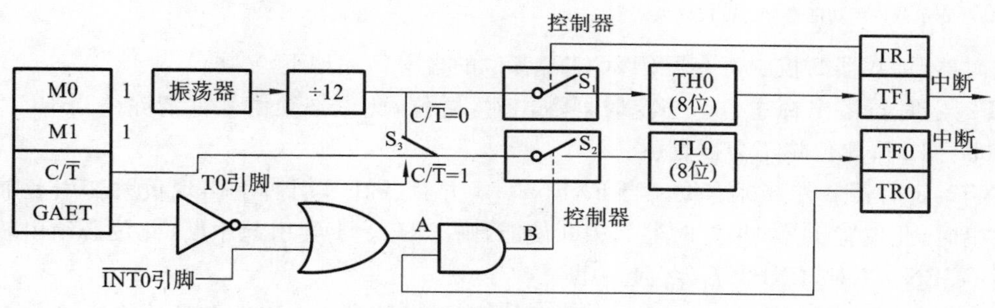

图 3.31 模式 3 结构

TL0 用原 T0 的各位控制位、引脚和中断源，即 C/T、GAET、TR0、TF0 和 T0 引脚，以及 INT0 引脚。TL0 除仅用 8 位寄存器外，其功能和操作与模式 0、模式 1 完全相同。TL0 也可工作为定时方式或计数方式。

TH0 只可用简单的内部定时功能，它占用了定时器 T1 的控制位 TR1 和 T1 的中断标志位 TF1，其启动和关闭仅受 TR1 的控制。

(2) 对于 T1，定时器 T1 无操作模式 3，若将 T1 设置为模式 3，就会使 T1 立即停止计数，也就是保持原有的计数值，其作用相当于使 TR1＝0，封锁与门，断开计数开关 S_3。

在定时器 T0 作用模式 3 时，T1 仍可设置为模式 0～2。

通常，当定时器 T1 用于串行口波特率发生器时，定时器 T0 才设置为模式 3。

3.6.5 定时器/计数器 T2

在 AT89S52 单片机中，增加了一个 16 位定时器/计数器 T2，它的功能比 T0、T1 更强。

增强型 8XX52 有 3 个 16 位的定时器/计数器 T0、T1、T2，与其相关的特殊功能寄存器有 TL2、TH2、RCAP2L、RCAP2H、T2CON 等，如表 3.10 所示。

表 3.10 定时器/计数器 2 特殊功能寄存器

符　号	描　述	直接地址	位地址,符号或可选端口功能 MSB							LSB	复 位 值
T2CON*	定时器/计数器 2 控制	C8H	TF2	EXF2	RCLK	TCLK	EXEN2	TR2	C/T2＃	CP/RL2＃	00H
T2MOD	定时器 2 模式控制	C9H	—	—	—	—	—	—	T2OE	DCEN	XXXXXX00B
TH2	定时器 2MSB	CDH	TH2[7:0]								00H
TL2	定时器 2LSB	CCH	TL2[7:0]								00H
RCAP2H	定时器 2 捕获 MSB	CBH	RCAP2H[7:0]								00H
RCAP2L	定时器 2 捕获 LSB	CAH	RCAP2H[7:0]								00H

注意:* 表示该特殊功能寄存器可位寻址。

定时器/计数器 2 控制寄存器(T2CON)各位的含义简述如下。

TF2:定时器溢出标志位。当定时器溢出时,置位,此位必须由软件清除。当 RCLK＝1 或 TCLK＝1 时,此位将不会被置位。

EXF2:定时器 2 外部标志位。当 EXEN2＝1 并且 T2EX 引脚上出现负跳变引起捕捉或重载发生时,此位置 1。如果定时器 2 中断使能,则 EXF2＝1 会引起中断,此位必须由软件清除。当 DCEN＝1 时,EXF2 不会引起中断。

RCLK:接收时钟标志位。当 RCLK＝1 时,串行口使用 T2 的溢出脉冲作为模式 1 和模式 3 下的接收时钟;当 RCLK＝0 时,串行口使用 T1 的溢出脉冲作为接收时钟。

TCLK:发送时钟标志位,与 RCLK 的作用相同。

EXEN2:定时器 2 外部使能标志位。当 EXEN2＝1 且 T2 未被用于串行口时钟时,若 T2EX 引脚上出现负跳变,则出现捕捉或重载。当 EXEN2＝0 时,T2 忽略 T2EX 引脚上的变化。

TR2:启动/停止定时器 2 位。此位为 1 时,启动定时器 2。

C/T2＃:定时器/计数器选择位。C/T2＃＝1 为计数功能;C/T2＃＝0 为定时功能。

CP/RL2＃:捕捉/重载标志位。CP/RL2＃＝1,当 EXEN2＝1 且 T2EX 引脚上出现负跳变时,捕捉发生。当 CP/RL2＃＝0,T2 溢出时,重载发生,或当 EXEN2＝1 且 T2EX 引脚上出现负跳变时,重载发生。如果 RCLK＝1 或 TCLK＝1,此位会被忽略,T2 溢出时自动重载。

定时器/计数器 2 模式寄存器(T2MOD)各位的含义简述如下。

T2OE:定时器 2 输出允许控制位。当 T2OE＝1 时,启动定时器/计数器 T2 的可编程时钟输出功能。

DCEN:定时器/计数器 T2 加/减计数控制位。当 DCEN＝1 时,允许 T2 作为加/减计数器使用。具体的计数方式由 T2EX 引脚来控制,当 T2EX＝1 时,T2 进行加计数;当 T2EX＝0

时，T2 进行减计数。

3.6.6 定时器/计数器的计数初值 C 的计算和装入

8XX51 定时器/计数器不同工作方式最大计数值不同，即其模值不同。由于采用加 1 计数，为使计满回零，计数初值应为负值。计算机中负数是用补码表示的，求补码的方法是模减去该负数的绝对值。

计数初值(C)的计算如下。

计数方式：　　计数初值 C＝模－X(其中 X 为要计的脉冲的个数)

定时方式：　　　　计数初值 $C=[t/\mathrm{MC}]_{补}=$模$-[t/\mathrm{MC}]$

式中：t 为欲定时时间；MC 为 8XX51 的机器周期，$\mathrm{MC}=12/f_{\mathrm{sys}}$。

当采用 12 MHz 晶振时，MC＝1 μs；当采用 6 MHz 晶振时，MC＝2 μs。

1) 定时器操作时的计数初值

作为定时器操作时，对机器周期脉冲进行计数。当晶振频率为 12 MHz，计数频率为 1 MHz 时，对于不同的模式，定时器最大时间间隔不同。

(1) 模式 0。

模式 0 为 13 位定时器。它的最大时间间隔＝$2^{13}\times 1$ μs＝8.192 ms，即定时器在工作方式 0 下可提供的最长定时间隔为 8.192 ms。当需要定时的时间为 y ms 时，计数寄存器的初值 x 按下面的公式计算：

$$(2^{13}-x)\times 1=y\times 1000 \tag{3.1}$$

式中：右边的单位为 μs。得到的 x 值高 8 位赋给 TH0，低 5 位赋给 TL0。

例如，在模式 0 下，要求用定时器/计数器 0 产生定时 2 ms，求计数寄存器的初值。

代入式(3.1)，有

$$(2^{13}-x)\times 1=2\times 1000$$

求得 x＝6192＝1100000110000B。高 8 位赋给 TH0，低 5 位赋给 TL0。最后计数寄存器中的初值为：TH0＝0C1H，TL0＝10H。

(2) 模式 1。

模式 1 为 16 位定时模式。它的最大定时间隔＝$2^{16}\times 1$ μs＝65.536 ms，即定时器在模式 1 下可提供的最长定时间隔为 65.536 ms。当需要定时的时间为 y 时，计数寄存器的初值 x 按下面的公式计算：

$$(2^{16}-x)\times 1=y\times 1000 \tag{3.2}$$

式中：右边的单位为 μs。得到的 x 值高 8 位赋给 TH0，低 8 位赋给 TL0。

例如，在模式 1 下，要求用定时器/计数器 0 产生定时 1 ms，求计数寄存器的初值。

代入式(3.2)，有

$$(2^{16}-x)\times 1=1\times 1000$$

求得 x＝64536＝0FC18H。高 8 位赋给 TH0，低 8 位赋给 TL0。最后计数寄存器中的初值为 TH0＝0FCH，TL0＝18H。

(3) 模式 2。

模式 2 是 8 位定时器自动重装载模式，最大定时间隔＝$2^{8}\times 1$ μs＝256 μs，即定时器在模式 2 下可提供的最长定时间隔为 256 μs。用 TL 进行计数，用 TH 保存初值。当需要定时的时间为 y 时，计数寄存器的初值 x 按下面的公式计算：

$$(2^8-x)\times 1=y \tag{3.3}$$

式中：右边的单位为 μs。得到的 x 值放到 TH 中，以便自动重载。

例如，在模式 2 下，要求用定时器/计数器 1 产生 50 μs 定时间隔，求计数寄存器的初值。

代入式(3.3)，有

$$(2^8-x)\times 1=50$$

求得 $x=$0CEH，将其放入 TH1 以便自动重载。在程序的开始，第一次计算前对 TL1 也应放入同样的值。

(4) 模式 3。

模式 3 是把定时器 0 分成两个 8 位定时器/计数器的操作模式。计数器初值的计算和模式 2 的基本类似，只是定时器/计数器工作方式不同。

2) 计数器操作时的计数初值

(1) 模式 0。

13 位计数器，满计数值$=2^{13}=8192$，即最多计数 8192 个外部脉冲。

(2) 模式 1。

16 位计数器，满计数值$=2^{16}=65536$，即最多计数 65536 个外部脉冲。

(3) 模式 2。

8 位计数器，满计数值$=2^8=256$，即最多计数 256 个外部脉冲。

(4) 模式 3。

8 位计数器，满计数值$=2^8=256$，即最多计数 256 个外部脉冲。

例如，在模式 2 下，要求定时器/计数器 0 计数 100 个脉冲后送出中断信号，求计数初值。

设计数初值为 x，则有

$$2^8-x=100$$

求得 x 值为 9CH，故计数寄存器 TH1 和 TL1 的初值应为 9CH。

例如，要求定时器 T0 在模式 1 下定时 50 ms，系统时钟为 12 MHz。

定时器 T0 在模式 1 时为 16 位定时器/计数器，TH0 和 TL0 各有 8 位，最大计数次数为 $2^{16}-1$(从 0000 0000 0000 0000B 计数到 1111 1111 1111 1111B)，如果要溢出，则计数次数为 $(2^{16}-1)+1=2^{16}$。

系统时钟频率 $f_{sys}=12$ MHz，系统周期 $T_{sys}=1/f_{sys}=1/12$ μs；机器周期 $T=12/T_{sys}=$ 1 μs。

定时功能时计数器每一个机器周期计 1 次数，则

$$最大溢出时间=2^{16}次\times 1\ \mu s/次=2^{16}\ \mu s=65536\ \mu s$$

如果要定时 50 ms，计满 50 ms 要溢出一次，50 ms＝50000 μs＜65536 μs，所以我们可以先设定一定的初值。50 ms＝50000 μs＝50000 次×1 μs/次，因此，初值＝(65536－50000)次。

机器周期：$T=12/T_{sys}=1$ μs。

应计脉冲个数：50 ms/1 μs＝50×10^3(μs)/1(μs)＝50000＝C350H。

求补：$(C350H)_{补}$＝10000H－C350H＝3CB0H。

将这个初值分别装在 TH0 和 TL0 中，则

$$65536-50000=15536=0011\ 1100\ 1011\ 0000B$$

初值分布如图 3.32 所示，即

如果还是用定时器 T0 在模式 1 下定时 50 ms，但是系统时钟改为 6 MHz，则初值如何计算呢？

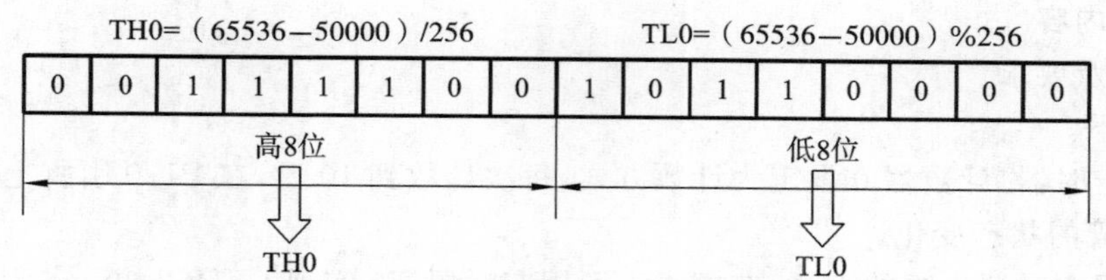

图 3.32　初值分布图

通过对比，系统时钟变了，机器周期也就随之改变。机器周期 $T=12T_{sys}=2\ \mu s$，50 ms＝50000 μs＝50000 次×2 μs/次，所以，初值＝(65536－25000)次，即(按十进制装载)

$$TH0=(65536-25000)/256,TL0=(65536-25000)\%256$$

如果定时时间为 500 ms，又该如何？

虽然 500 ms＝500000 μs＞65536 μs，但是可以将 500 ms 看成 10 个 50 ms，设一个变量记录 500 ms 溢出的次数，当溢出次数等于 10 次时，500 ms 定时时间到。这就是长时间定时的解决方法。

3.6.7　定时器/计数器应用需考虑的问题

1）工作模式的设定

确定使用 T0 还是 T1，是用定时器还是计数器，采用 4 种模式的哪一种等问题。

2）定时器/计数器初值的计算

当工作在定时方式时，要根据晶振频率的数值和工作模式选择，计算定时器的初始值。

当工作在计数方式时，除了考虑初值计算，还需注意外加脉冲的频率。外部输入的计数脉冲的最高频率不得高于系统振荡频率的 1/24。

3）程序设计

程序设计主要包含定时器/计数器初始化程序(初始化中断入口地址，模式设定、初始化计数初值)、中断允许设置、启动定时、中断子程序设计等问题。

3.6.8　定时器/计数器的应用编程

1. 应用电路

定时器/计数器的应用电路如图 3.33 所示。

图 3.33 中，P3.4 和脉冲源相连，脉冲源向单片机的定时器/计数器 0 提供外部计数脉冲，每按两次开关 W_3，产生一个计数脉冲。

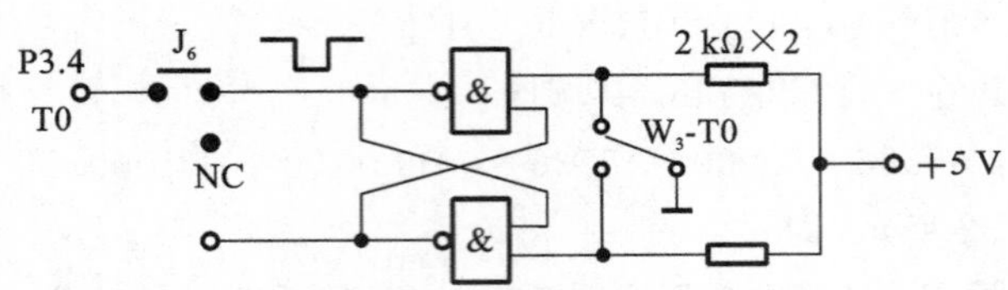

图 3.33 定时器/计数器的应用电路

2. 应用内容

1）设计及要求

设计如下。

（1）将定时器/计数器 0 设定为计数方式，每次计数到 10 后，在 P1.0 引脚上取反一次，观察发光二极管的状态变化。

（2）使用定时器中断的方法，在模式 1 下用定时器 T0 实现 LED 以 30 ms 为节拍的闪烁。

（3）单片机集成的定时器可以产生定时中断，利用定时器 0 和定时器 1，编写程序在 P1.0 及 P1.1 引脚上输出方波信号，通过示波器观察现象并测量波形周期。

（4）可编程时钟输出：P1.0 引脚与 T2 复用，除作为普通 I/O 引脚外，还有两个功能，即为定时器/计数器 2 输入外部时钟，输出占空比为 50%的周期时钟。

要求：通过实验，学习单片机定时器的使用和编程，熟悉定时器中断处理程序的编程，掌握编写数据处理程序，掌握具体的单片机应用系统的软硬件设计方法。

2）解析

若为计数内部晶振驱动时钟，则它就是定时器；若为计数输入引脚的脉冲信号，则它就是计数器。

定时器和计数器都是加 1 计数的，定时器实际上也是以计数方式工作，只是它对固定频率的脉冲计数，由于脉冲周期固定，由计数值可以计算出时间。关于内部计数器的编程主要是定时常数的设置和有关控制寄存器的设置。

3）参考程序

（1）用查询方式实现的程序流程图如图 3.34 所示。

参考程序如下。

```
#include<reg51.h>
sbit  wave1=P1^0;
main( )
{   TMOD=0x06;                      //设定定时器 0 计数方式
    TH0=0xF6;TL0=0xF6;              //计数初值
    TR0=1;                          //启动定时器 1
    for(;;)
    {  while(TF0==0)
          wave1=~wave1;             //LED 状态翻转
      TF0=0;
    }
}
```

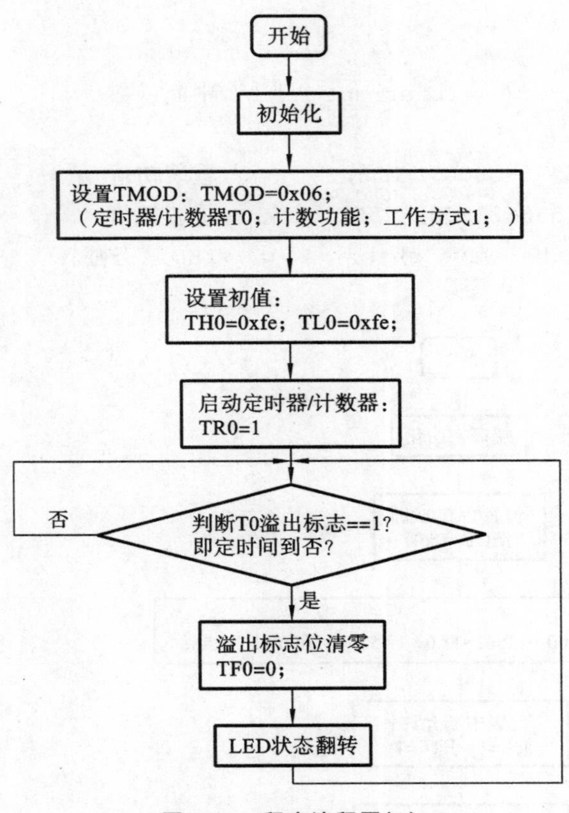

图 3.34　程序流程图(1)

(2) 用中断方式实现的程序流程图如图 3.35 所示。

参考程序如下。

```
#include<reg51.h>
sbit  wave=P1^2;
bit  wave_stat=0;                    //LED 状态位变量,全局变量
main( )
{
        EA=1;                         //开总中断允许
        ET0=1;                        //开 T0 中断允许
        TMOD=0x11;                    //定时器方式寄存器
        TH0=(65536-30000)/256;        //装初值
        TL0=(65536-30000)%256;        //装初值
        TR0=1;                        //启动定时器 0
        wave=0;
        while(1)
        {
            P1_4=wave_stat;           //LED 状态显示
```

```
        }
    }
    void  T0_timer( ) interrupt 1     //中断函数
    {
        TH0=(65536-30000)/256;        //重装初值
        TL0=(65536-30000)%256;        //重装初值
        wave_stat=~wave_stat;         //LED状态翻转
    }
```

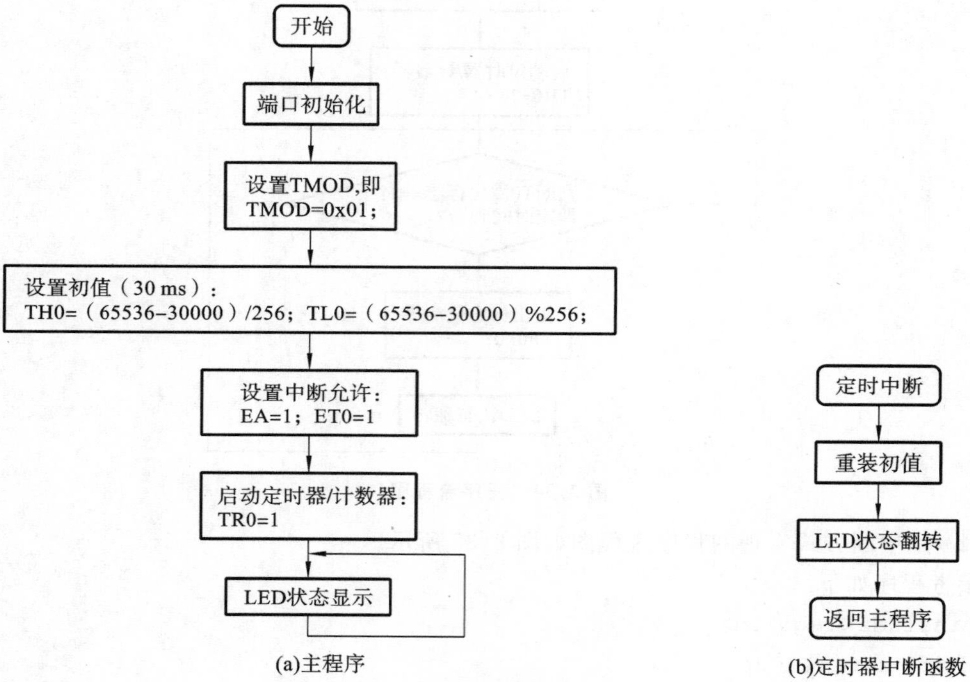

开始

端口初始化

设置TMOD,即
TMOD=0x01;

设置初值（30 ms）：
TH0=（65536-30000）/256；TL0=（65536-30000）%256;

设置中断允许：
EA=1；ET0=1

启动定时器/计数器：
TR0=1

LED状态显示

(a)主程序

定时中断

重装初值

LED状态翻转

返回主程序

(b)定时器中断函数

图 3.35　程序流程图(2)

(3) 本应用采用查询方式和中断方式实现。

用查询方式实现，参考程序如下。

```
#include<reg51.h>
sbit  wave1=P1^0;
sbit  wave2=P1^1;
main( )
{   TMOD=0x11;                    //定时器方式寄存器
    TH0=0xf8;TL0=0x00;            //定时器 0 计数初值
    TH1=0xf8;TL1=0x00;            //定时器 1 计数初值
    TR0=1;                        //启动定时器 0
    TR1=1;                        //启动定时器 1
```

```
    while(1)
    { if(TF0==1)                   //定时器 0 溢出标志
      {
          TH0=0xf8;
          TL0=0x00;
          wave1=~wave1;            //P1.0 位 LED 状态翻转
          TF0=0;
      }
      else  if(TF1==1)             //定时器 1 溢出标志
      {
          TH1=0xf8;
          TL1=0x00;
          wave2=~wave2;            //P1.1 位 LED 状态翻转
          TF1=0;
      }
    }
  }
```

用中断方式实现，参考程序如下。

```
#include<reg51.h>
sbit  wave1=P1^0;
sbit  wave2=P1^1;
void  int_timer0( ) interrupt 1                   //定时器 0 的中断号为 1
{
   wave1=~wave1;                                  //位变量取反
   TH0=0xF8;  TL0=0x00;
}
void  int_timer0( ) interrupt 3                   //定时器 1 的中断号为 3
{
   wave2=~wave2;                                  //位变量取反
   TH1=0xF8;  TL1=0x00;
}
main( )
{  TH0=0xF8;  TL0=0x00;                           //初始化定时器 0
   TH1=0xF8;  TL1=0x00;                           //初始化定时器 1
   TMOD=0x11;
   TCON=0x50;
   IE=8A;                                         //开中断
   while(1);                                      //等待中断
}
```

(4) 如果将 T2 配置为时钟发生器,那么必将 C/T2#设置为 0,将 T2OE 设置为 1,并设置 TR2 为 1 以启动定时器。输出时钟的频率取决于晶振频率及捕捉寄存器的重载值,即

$$输出频率=\frac{晶振频率}{n\times[(65536-(\mathrm{RCAP2H,RCAP2L})]} \tag{3.4}$$

式中:$n=2$(6 时钟模式)或 $n=4$(12 时钟模式),(RCAP2H,RCAP2L)为 16 位寄存器的初值(定时常数),寄存器 RCAP2H 和 RCAP2L 的值由软件预设。

晶振频率为 11.0592 MHz,工作于 12 时钟模式下,输出频率的范围为 42 Hz～2.76 MHz。参考程序如下。

```
#include<reg51.h>
#include<sst89x5x4.h>
void  main(void)
{  RCAP2H=0xFF;
   RCAP2L=0x00;
   T2MOD=0x02;                    //定时器 2 输出使能
   T2CON=0x04;                    //启动定时器 2
   while(1);
 }
```

3.6.9 思考题

(1) 单片机定时器有哪几种模式?如何区别?

(2) 单片机定时器定时和计数时,其计数脉冲分别由谁提供?

(3) 定时器/计数器 0 已预置为 FFFFH,并选用模式 1 来计数,此时定时器 0 的实际用途将是什么?

(4) 定时器/计数器 0 已预置为 156,并选用模式 2 来计数,在 T0 引脚上输入周期为 1 ms 的脉冲,此时定时器 0 的实际用途是什么?在什么情况下,定时器/计数器 0 溢出?

3.7 电子发声设计与应用

3.7.1 电子发声应用的基本要求

(1) 学习使用定时器/计数器使扬声器发声的编程方法;

(2) 掌握电子发声程序的设计与调试方法。

3.7.2 音乐相关知识

在人类还没有产生语言时,就已经知道利用声音的高低、强弱等来表达自己的思想和感情。声带、琴弦等物体振动时会发出声波,声波通过空气传播进入人耳,人们就听到了声音。声音有噪声和乐音之分,振动有规律的声音是乐音,如人声带发出的歌声、由琴弦发出的琴音等。音乐中所用的声音主要是乐音。

乐音听起来有的高，有的低，这称为音高。音高是由发音物体振动频率的高低决定的，频率高，声音就高，频率低，声音就低。

音乐中所用乐音的范围从每秒钟振动 16 次的最低音到每秒钟振动 4186 次的最高音，大约 97 个。

不同音高的乐音是用 C、D、E、F、G、A、B 来表示的，这 7 个字母就是乐音的音名，它们一般依次唱成 DO、RE、MI、FA、SO、LA、SI，即唱成简谱 1、2、3、4、5、6、7，这是唱曲时乐音的发音，所以称为唱名。把 C、D、E、F、G、A、B 这一组音的距离分成 12 个等份，每一个等份称为一个“半音”。两个音之间的距离有两个“半音”的，称为“全音”。

通俗地说，那些 1、2、3、4、5、6、7 的音称为自然音，那些在它们的左上角加上 # 号（如 #4、#1）或者 b 号（如 b7、b3）的称为变化音。# 称为升记号，表示把音在原来的基础上升高半音；b 称为降记号，表示音在原来的基础上降低半音。音持续时间的长短即时值，一般用拍数表示。休止符表示暂停发音。

一首音乐是由许多不同的音符组成的，而每个音符对应着不同的频率，这样就可以利用不同的频率组合，加以与拍数对应的延时，构成音乐。

3.7.3 利用单片机产生音频脉冲

不同频率的音频脉冲能产生音乐。对单片机而言，产生不同频率的脉冲非常方便，可以利用它的定时器/计数器来产生这样方波频率信号。因此，需要弄清楚音乐中的音符和对应的频率，以及单片机定时、计数的关系。

3.7.4 利用单片机实现音乐的节拍

除了音符以外，节拍也是音乐的关键组成部分。

节拍实际上就是音持续时间的长短，在单片机系统中可以用延时来实现。如果 1/4 拍的延时设为 0.4 s，则 1 拍的延时是 1.6 s。只要知道 1/4 拍的延时时间，其余的节拍延时时间就是它的倍数。

声音的频谱范围为几十到几千赫兹，若能利用程序来控制单片机某个口线的“高”电平或低电平，则在该口线上就能产生一定频率的矩形波，接上扬声器就能发出一定频率的声音，若再利用延时程序控制“高”、“低”电平的持续时间，就能改变输出频率，从而改变音调。

一个音符对应一个频率，通过扬声器，就可以发出这个音符的声音。将一段乐曲的音符对应频率的方波依次送到扬声器，就可以演奏出这段乐曲。利用定时器控制单片机的 I/O 引脚输出方波，将相应的一种频率的计数初值写入计数器，就可以产生对应频率的方波。计算初值的方法为

$$\text{计数初值} = \text{输入时钟} \div \text{输出频率}$$

例如，输入时钟采用 1 MHz，要得到 800 Hz 的频率，计数初值即为 1000000÷800。音符与频率对照关系如表 3.11 所示。对于每一个音符的演奏时间，可以通过软件延时来处理。首先确定单位延时时间程序（根据 CPU 频率的不同而有所变化），然后确定每个音符发音的相对时间需要几个单位时间，就调用几次延时子程序即可。

表 3.11 音符与频率对照关系 (单位:Hz)

音调	音符						
	$\underset{\cdot}{1}$	$\underset{\cdot}{2}$	$\underset{\cdot}{3}$	$\underset{\cdot}{4}$	$\underset{\cdot}{5}$	$\underset{\cdot}{6}$	$\underset{\cdot}{7}$
A	221	248	278	294	330	371	416
B	248	278	312	330	371	416	467
C	131	147	165	175	196	221	248
D	147	165	185	196	221	248	278
E	165	185	208	221	248	278	312
F	175	196	221	234	262	294	330
G	196	221	248	262	294	330	371

音调	音符						
	1	2	3	4	5	6	7
A	441	495	556	589	661	742	833
B	495	556	624	661	742	833	935
C	262	294	330	350	393	441	495
D	294	330	371	393	441	495	556
E	330	371	416	441	495	556	624
F	350	393	441	467	525	589	661
G	393	441	495	525	589	661	742

音调	音符						
	$\dot{1}$	$\dot{2}$	$\dot{3}$	$\dot{4}$	$\dot{5}$	$\dot{6}$	$\dot{7}$
A	882	990	1112	1178	1322	1484	1665
B	990	1112	1248	1322	1484	1665	1869
C	525	589	661	700	786	882	990
D	589	661	742	786	882	990	1112
E	661	742	833	882	990	1112	1248
F	700	786	882	935	1049	1178	1322
G	786	882	990	1049	1178	1322	1484

3.7.5 电子发声设计的应用编程

1. 应用电路

电子发声单元原理图如图 3.36 所示,按图 3.37 所示连接实验线路。

2. 应用内容

1) 设计及要求

设计:频率表和时间表是一一对应的,频率表的最后一项为 0,作为重复的标志。根据频率表中的频率计算出对应的计数初值,然后依次写入 T0 的计数器。将时间表中相对时间值代入延时程序来得到音符演奏时间。

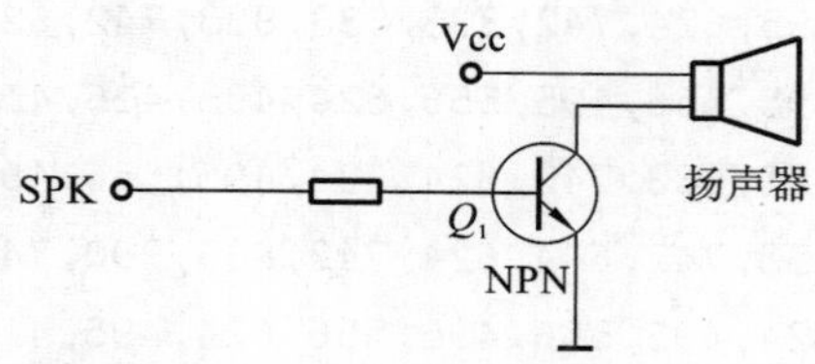

图3.36 电子发声单元原理图

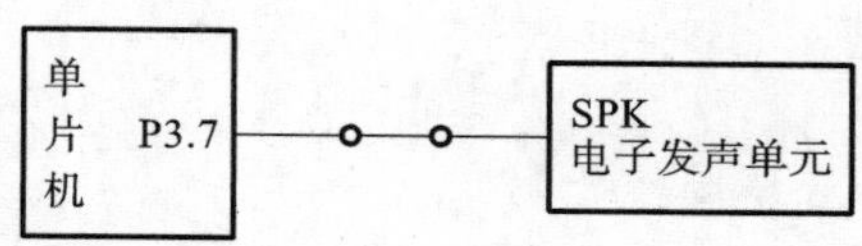

图3.37 电子发声实验连接图

要求:编写乐曲《友谊地久天长》参考程序。程序中频率表是将曲谱中的音符对应的频率值依次记录下来(B调,2/4拍),时间表是将各个音符发音的相对时间记录下来(由曲谱中节拍得出)。经编译、链接无误后启动调试、运行程序,判断扬声器发出的音乐是否正确。

2) 解析

如果要单片机播放音乐,那么必须在程序设计中考虑到节拍的设置。

3) 参考程序

电子发声参考流程图如图3.38所示。

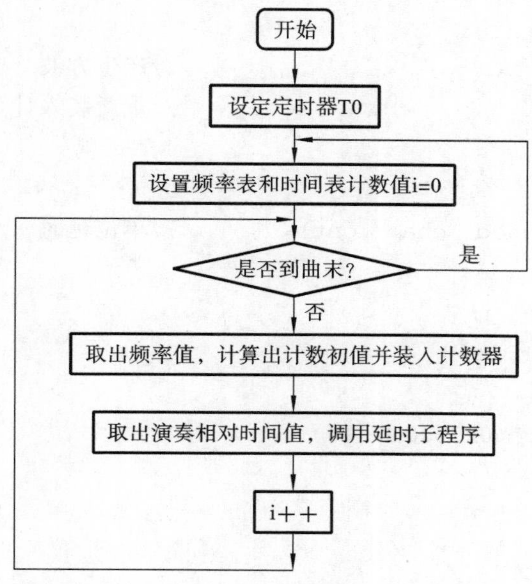

图3.38 电子发声参考流程图

参考程序如下。

```
#include<reg51.h>
sbit P37=P3^7;                          //扬声器控制引脚
#define  CLK  0x070000
unsigned  char  data  val_H;            //计数器高字节
unsigned  char  data  val_L;            //计数器低字节
//频率表
unsigned  int  code  freq_list[ ]={371,495,495,495,624,556,495,556,624,
```

```
                                    495,495,624,742,833,833,833,742,624,
                                    624,495,556,495,556,624,495,416,416,
                                    371,495,833,742,624,624,495,556,495,
                                    556,833,742,624,624,742,833,990,742,
                                    624,624,495,556,495,556,624,495,416,
                                    416,371,495,0};
//时间表
unsigned int code time_list[ ]={4,6,2,4,4,6,2,4,4,6,
                                2,4,4,12,1,3,6,2,4,4,
                                6,2,4,4,6,2,4,4,12,4,
                                6,2,4,4,6,2,4,4,6,2,
                                4,4,12,4,6,2,4,4,6,2,
                                4,4,6,2,4,4,12};
void to_isr( ) interrupt 1                  //定时器0中断处理程序
{
    P37=~P37;                               //产生方波
    TH0=val_H;                              //重新装入计数值
    TL0=val_L;
}
void delay(unsigned char cnt)               //单位延时
{   unsigned char i;
    unsigned int j;
    for(i=0;i<cnt;i++)
    {
        for(j=0;j<0x3600;j++);
    }
}
void main(void)
{   unsigned int val;
    unsigned char i;
    TMOD=0x01;                              //初始化
    IE=0x82;
    TR0=1;
    while(1)
    {   i=0;
        while(freq_list[i])                 //频率为0重新开始
        {   value=CLK/(freq_list[i]);
            value=0xFFFF-val;               //计算计数值
```

```
            val_H=(val>>8)&0xff;
            val_L=val&0xff;
            TH0=val_H;
            TL0=val_L;
            delay(time_list[i]);
            i++;
        }
    }
}
```

3.7.6　思考题

(1) 声音的频谱范围是多少?

(2) 频率表和时间表之间的关系是什么?频率表的最后一项是什么?

3.8　看门狗设计与应用

3.8.1　看门狗设计的目的

(1) 了解看门狗的工作原理,学习看门狗的编程方法。

(2) 了解利用软硬件实现系统抗干扰的能力。

3.8.2　看门狗设计原理

AT89S51/AT89S52 提供了一个可编程看门狗定时器(WDT),可以防止软件跑飞并自动恢复,提高系统的可靠性。

由于系统干扰可能破坏程序指针(PC),一旦 PC 失控,程序就会“乱飞”,可能进入非程序区,造成系统运行错误。设置软件陷阱,可防止程序“乱飞”。

设置软件陷阱:在 ROM 或 RAM 中,每隔一些指令,就把连续几个单元设置成空操作(所谓陷阱)。在失控的程序调入“陷阱”,连续执行几个空操作后,程序自动恢复正常,继续执行后面的程序。

利用设置软件陷阱虽在一定程度上解决了程序“乱飞”的失控问题。但在程序执行过程中,因进入死循环,而无法撞上陷阱,就会使程序长时间运行不正常。因此,设置陷阱的办法并不能彻底有效地解决死循环问题。

设置程序监视器(又称为看门狗,Watchdog)可较有效地解决死循环问题。程序监视器系统有的采用软件解决,大部分都是采用软、硬件相结合的办法。下面以两种解决办法来分析其原理。

(1) 利用单片机内部定时器进行监视。

在程序的大循环中,一开始就启动定时器工作,在主程序中增设定时器赋值指令,使该定时器维持在非溢出工作状态。定时时间要稍大于程序循环一次的执行时间。程序正常循环执行一次给定时器送一次初值，重新开始计数而不会产生溢出。但若程序失控，没能按时给定时器赋初值，则定时器就会产生溢出中断，在中断服务程序中使主程序回到初始状态。

(2)利用单稳态触发器构成程序监视器。

利用单稳态触发器构成程序监视器的电路很多。利用软件经常访问单稳电路，一旦程序有问题，CPU 就不能正常访问，单稳电路则产生翻转脉冲使单片机复位，强制程序重新开始执行。

用户程序中如果使用了看门狗，那么必须在用户自定义的时间内刷新 WDT，也称为“喂狗”。若在规定的时间没有刷新 WDT，则产生内部硬件复位。WDT 以系统时钟(XTAL1)作为自己的时基，WDT 寄存器每隔 344064 个时钟就加 1，看门狗定时器数据/重载寄存器(WDTD)的高位被用作 WDT 的重载寄存器。

WDT 超时周期为

$$超时周期=(255-\text{WDTD})\times 344064\div f_{\text{CLK(XTAL1)}}$$

看门狗定时器控制寄存器(WDTC)如表 3.12 所示，看门狗定时器数据/重载寄存器(WDTD)如表 3.13 所示。

表 3.12 看门狗定时器控制寄存器(WDTC)

D7	D6	D5	D4	D3	D2	D1	D0
—	—	—	WDOUT	WDRE	WDTS	WDT	SWDT

WDOUT	看门狗定时器输出允许。 0:看门狗复位不在复位引脚上输出。 1:如果看门狗复位允许位 WDRE=1，则看门狗复位将在复位引脚上输出复位信号 32 个时钟
WDRE	看门狗定时器复位允许。 0:禁止看门狗定时器复位。 1:允许看门狗定时器复位
WDTS	看门狗定时器复位标志。 0:外部硬件复位或上电则会清除此位，向此位写 1 就会清除此位，若由于看门狗引起的复位，则将不影响此位。 1:看门狗定时器溢出，此位置 1
WDT	看门狗定时器刷新。 0:刷新完成，硬件复位此位。 1:软件设置此位以强迫看门狗刷新，俗称“喂狗”
SWDT	启动看门狗定时器。 0:停止 WDT 1:启动 WDT

表 3.13 看门狗定时器数据/重载寄存器(WDTD)

D7	D6	D5	D4	D3	D2	D1	D0
看门狗定时器数据/重载							

这时复位值为 00000000B。

3.8.3　看门狗设计的应用编程

1. 应用电路

WDT 的结构图如图 3.39 所示。

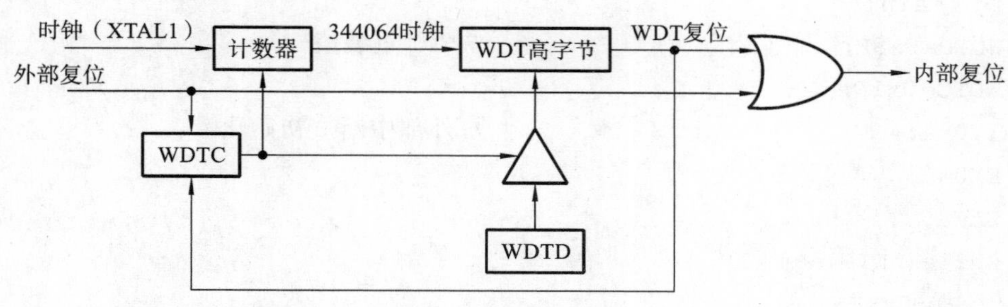

图 3.39　WDT 的结构图

2. 应用内容

1）设计及要求

设计：LED 闪烁，按$\overline{\text{INT0}}$键对 WDT 停止刷新；经过大概 3 s，可观察软件界面，产生复位，程序停止运行；改变 WDT 的超时周期，反复实验几次，验证看门狗功能。

要求：每次重新运行程序前，都应该停止调试，然后重新启动调试，这样方可保证系统正常工作。

2）解析

看门狗技术是编程中的一种常用技术，它可以在程序异常的情况下产生一个复位动作，使程序重新开始运行。看门狗主要依靠一个定时器工作，这个定时器以一定的频率不断加 1。假设定时器的寄存器是一个 16 位寄存器，那么当定时器累加到 65535(0xFFFF)时，再一次加 1 将使定时器溢出，此时看门狗将发出一个复位信号。看门狗的这种复位逻辑要求程序在正常逻辑下每隔一段时间就“喂”一次看门狗，即清除看门狗定时器。“喂狗”的时间间隔依赖于看门狗定时器的溢出时间。如果程序异常，如进入死循环，则在一段较长时间内没有“喂狗”，看门狗定时器就会溢出，从而产生一次复位，使程序重新开始运行。

3）参考程序

```
#include<reg51.h>
sfr  WDTC=0xc0;                     //定义特殊功能寄存器
sbit  WDT=0xc1;                     //定义位寻址变量
sbit  WDTS=0xc2;
bit  bdata  WDTFlag=1;              //定义位类型变量
void  delay(void)                   //延时函数
{
    unsigned  int  i;
    for(i=0;i<0xFFFF;i++);
```

```
}
void  int_isr( ) interrupt  0          //外部中断 0 服务函数
{  P1=0x00;
   WDTFlag=0;
}
void  main( )
{ WDTD=0x9F;                           //WDT 重装值
  WDTC=0x1F;
  IT0=1;                               //外部中断 0 初始化
  EX0=1;
  EA=1;
  while(WDTFlag==1)
  {  P1=0xFF;
     delay( );
     P1=0x00;
     delay( );
     WDT=1;                            //喂狗
  }
  while(1);
}
```

3.8.4 思考题

(1) 看门狗在晶振停振时,看门狗还有效吗?

(2) 看门狗在什么情况下开始工作?

3.9 并行 A/D 转换器的设计与应用

在单片机过程控制和数据采集等实际工程应用系统中,经常要对一些过程参数进行测量和控制。这些参数往往是连续变化的物理量,如温度、压力、流量、速度和位移等。这里所指的连续变化即数值是随时间连续可变的,通常称这些物理量为模拟量。

而单片机只能对数字量进行处理,即单片机本身所能识别和处理的只是二进制数表示的数字信号。所以模拟信号必须通过转换后,单片机才可以进行处理,具有模拟信号输入/输出的单片机应用系统结构如图 3.40 所示。

首先,将这些物理量信号先转换成模拟电压或电流信号,再将这些模拟电信号转换成数字量,才能送给单片机进行处理。从模拟信号到数字信号的转换称为模/数转换,即 A/D 转换。能实现 A/D 转换的器件称为 A/D 转换器(ADC)。

单片机加工处理的结果是数字量,有时需要转换为模拟信号后才能控制相应的设备。从数字信号到模拟信号的转换称为数/模转换,即 D/A 转换。能实现 D/A 转换的器件称为 D/A

转换器(DAC)。

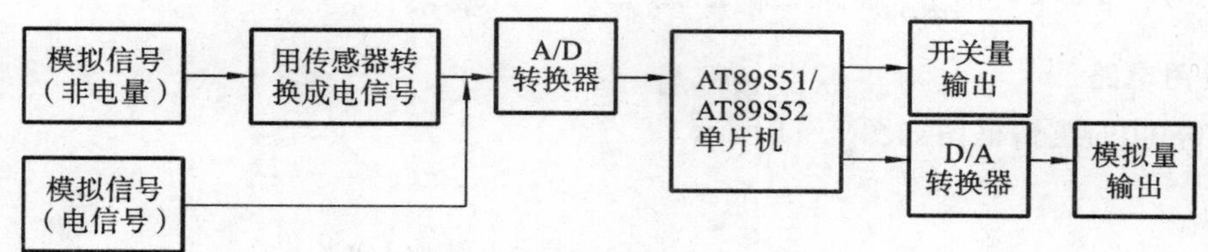

图3.40 带模拟信号输入/输出的单片机应用系统结构

3.9.1 A/D转换器设计的基本要求

(1) 学习理解模/数信号转换的基本原理；

(2) 掌握ADC0809模/数转换芯片与单片机的连接方法及ADC0809的典型应用；

(3) 掌握采用查询方式、中断方式完成模/数转换程序的编写方法。

3.9.2 A/D转换器的设计原理

A/D转换器，通常是指一个将模拟信号转变为数字信号的电子器件。

通常的模/数转换器将一个输入电压信号转换为一个输出的数字信号。由于数字信号本身不具有实际意义，仅仅表示一个相对大小。故任何一个模/数转换器都需要一个参考模拟量作为转换的标准，比较常见的参考标准为最大的可转换信号大小。而输出的数字量表示输入信号相对于参考信号的大小。

模/数转换器最重要的参数是转换的精度，通常用输出的数字信号的位数的多少来表示。转换器能够准确输出的数字信号的位数越多，表示转换器能够分辨输入信号的能力越强，转换器的性能也就越好。

A/D转换器一般要经过采样、保持、量化及编码4个过程。在实际电路中，有些过程是合并进行的，如采样和保持，量化和编码在转换过程中是同时实现的。

ADC0809是单片CMOS器件，是8通道8位CMOS逐次逼近A/D转换芯片，片内提供了一个8通道的模拟多路开关和联合寻址逻辑，用它可直接输入8个单端的模拟信号，分时进行A/D转换。片内还带有锁存功能的8路模拟多路开关，可以对8路0～5 V的输入模拟电压信号分时进行转换。A/D转换后的数据由三态锁存器输出，由于片内没有时钟，在工作时需外接时钟信号。在多点巡回检测、过程控制等应用领域中使用非常广泛。

ADC0809的主要技术指标如下。

(1) 分辨率：8位。

(2) 单电源：+5 V。

(3) 总的不可调误差：±1 LSB。

(4) 转换时间：取决于时钟频率。

(5) 模拟输入范围：单极性1～5 V。

(6) 时钟频率范围：10～1280 kHz。

3.9.3 A/D 转换器的应用编程

1. 应用电路

ADC0809 的逻辑框图如图 3.41 所示。

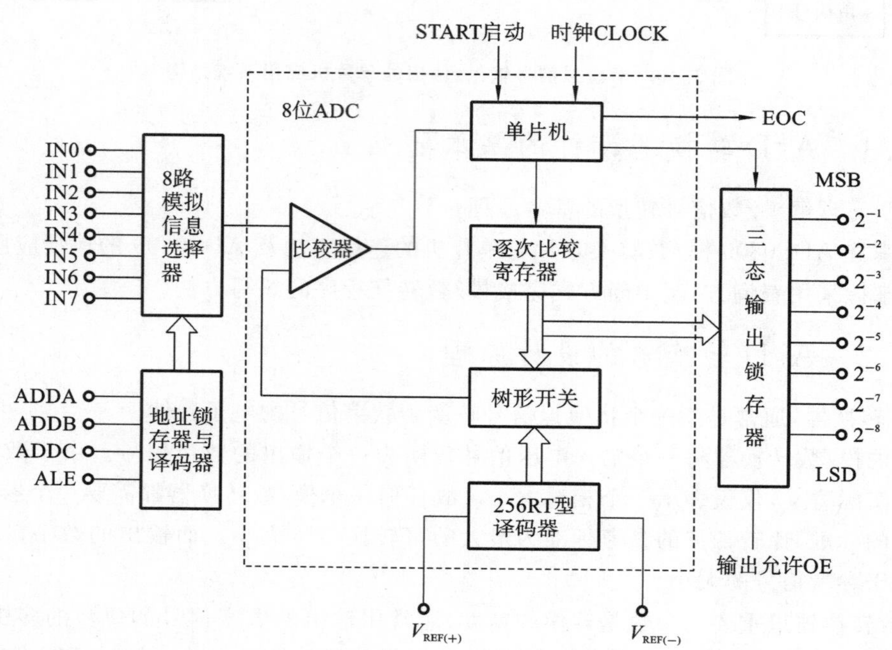

图 3.41 ADC0809 的逻辑框图

器件的核心部分是 8 位 A/D 转换器，它由逐次逼近寄存器、逻辑控制电路、输出缓冲器、A/D 转换器和比较器等部分组成，由于 ADC0809 内部具有地址锁存器和三态输出锁存器，因此 ADC0809 可以和单片机的总线直接相连。

8 路模拟开关用于输入 IN0～IN7 上的 8 路模拟电压。地址锁存器与译码器在 ALE 信号控制下可以锁存 ADDA、ADDB 和 ADDC 上的地址信息，经译码后控制 IN0～IN7 上那一路模拟电压并送入比较器。例如，当 ADDA、ADDB 和 ADDC 上均为低电平 0 且 ALE 为高电平时，地址锁存器与译码器输出，使 IN0 上模拟电压送到比较器输入端。

逐次逼近寄存器和比较器(SAR)在 A/D 转换过程中存放暂态数字量，在 A/D 转换完成后存放数字量，并可送到三态输出锁存器锁存。

三态输出锁存器和控制电路用于锁存 A/D 转换完成后的数字量。CPU 使 OE 引脚变成高电平就可以从三态输出锁存器取走 A/D 转换后的数字量。

ADC0809 的外部引脚如图 3.42 所示，地址信号与选中通道的关系如表 3.14 所示。

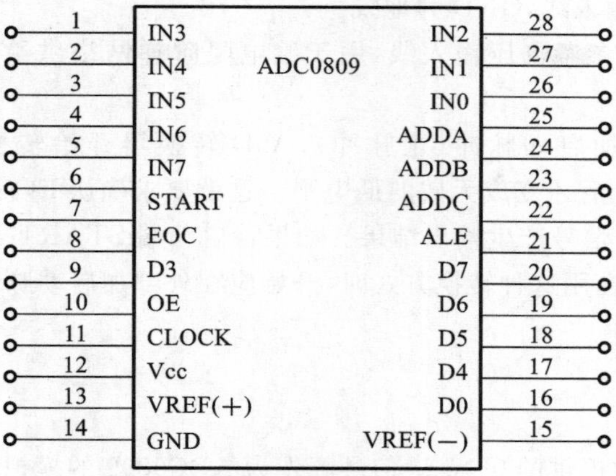

引脚	名称	名称	引脚
1	IN3	IN2	28
2	IN4	IN1	27
3	IN5	IN0	26
4	IN6	ADDA	25
5	IN7	ADDB	24
6	START	ADDC	23
7	EOC	ALE	22
8	D3	D7	21
9	OE	D6	20
10	CLOCK	D5	19
11	Vcc	D4	18
12	VREF(+)	D0	17
13	GND	VREF(−)	16

ADC0809

图 3.42　ADC0809 的外部引脚

表 3.14　地址信号与选中通道的关系

地　址			选中通道
A	B	C	
0	0	0	IN0
0	0	1	IN1
0	1	0	IN2
0	1	1	IN3
1	0	0	IN4
1	0	1	IN5
1	1	0	IN6
1	1	1	IN7

ADC0809 采用双列直插式封装，共有 28 条引脚，现分 4 组简述如下。

(1) IN0～IN7 为 8 路模拟电压输入线，用于输入被转换的模拟电压。

(2) 地址输入和控制(4 条)：ALE 为地址锁存允许输入线，高电平有效。当 ALE 为高电平时，为地址输入线，用于选择 IN0～IN7 上的一路模拟电压并送给比较器进行 A/D 转换。

(3) 数字量输出及控制线(11 条)。

START 为"启动脉冲"输入线，该线上正脉冲由 CPU 传送，宽度应大于 100 ns，上升沿清零 SAR，下降沿启动 ADC 工作。

EOC 为转换结束输出线，该线上高电平表示 A/D 转换已结束，数字量已锁入三态输出锁存器。

2^{-8}～2^{-1} 为数字量输出线，2^{-1} 为最高位。

OE 为输出允许线，高电平时能使 2^{-8}～2^{-1} 引脚上输出转换后的数字量。

(4) 电源线及其他(5 条)。

CLOCK 为时钟输入线，用于为 ADC0809 提供逐次比较所需 640 kHz 时钟脉冲序列。

Vcc 为+5 V 电源输入线，GND 为地线。

$V_{REF(+)}$和$V_{REF(-)}$为参考电压输入线，用于给电阻阶梯网络供给标准电压。$V_{REF(+)}$常与Vcc 相连，$V_{REF(-)}$常接地。

在启动端 START 加启动脉冲（正脉冲），A/D 转换器开始转换，但是 EOC 信号是在START 的下降沿 10 μs 后才变成无效的低电平。这就要求确认 EOC 在 10 μs 后才能开始查询。转换结束后，由 OE 信号产生输出结果。如果将启动端 START 与转换结束端 EOC 直接相连，转换将是连续的，在用这种转换方式时，开始应在外部加启动脉冲。

2. 应用内容

1）设计及要求

设计如下。

(1) 将 ADC 单元中提供的 0～5 V 信号源作为 ADC0809 的模拟输入量，进行 A/D 转换，转换结果通过变量进行显示。

(2) 采用查询方式完成读取通道 IN3 的模拟量转换结果，并通过数码管显示当前电压。

(3) 采用中断方式完成读取数据，分别对 8 路模拟量输入信号检测，并将采集的数据保存在片内数据存储器 40H～47H，采样完 8 个通道后停止采集。

要求如下。

(1) 在 delay( )语句行设置断点，使用万用表测量 ADJ 端的电压值，计算对应的采样值，然后运行程序。当程序运行到断点处时停止运行，查看变量窗口中的 ADJ 的值，与计算的理论值进行比较，看是否一致；调节电位器，改变输入电压，比较 ADJ 与计算值，反复验证程序功能。

(2) 单片机与 ADC 采用查询方式连接。采用查询方式时（连接方法如图 3.43 所示），ADC0809 的$\overline{CS}$引脚连接到单片机的 P2.7 引脚，单片机对 ADC 的 EOC 引脚（P1.4）状态进行查询；时钟 CLK 引脚连接到单片机的 P1.5 引脚。若 EOC 为低电平，则表示正在进行 A/D 转换；若 EOC 为高电平，则表示已经完成 A/D 转换，可以读取转换数据。

单片机与 ADC 也可以采用软件延时。采用软件延时时，通过软件编程实现延时 100 μs，以等待 A/D 转换结束，此时 EOC 引脚可以悬空。

(3) ADC0809 各通道地址位为 7FF0H～7FF7H。

2）解析

ADC0809 数据输出端为 8 位三态输出，故数据线可直接与微机数据线相连。所以与单片机连接的电路主要涉及两个问题：一是怎样选择 8 路模拟开关信号通道；二是怎么判断完成A/D 转换，然后把数据传给单片机。

ADC0809 的转换结束信号 EOC 与单片机的连接有两种连接方式，即中断方式和查询方式，通过这两种不同的方式来判断转换是否完成。

3）参考程序

根据设计(1)，A/D 转换实验接线图如图 3.43 所示，A/D 转换单元原理图如图 3.44所示。

参考程序如下。

```
#include<AT89x5x.h>
```

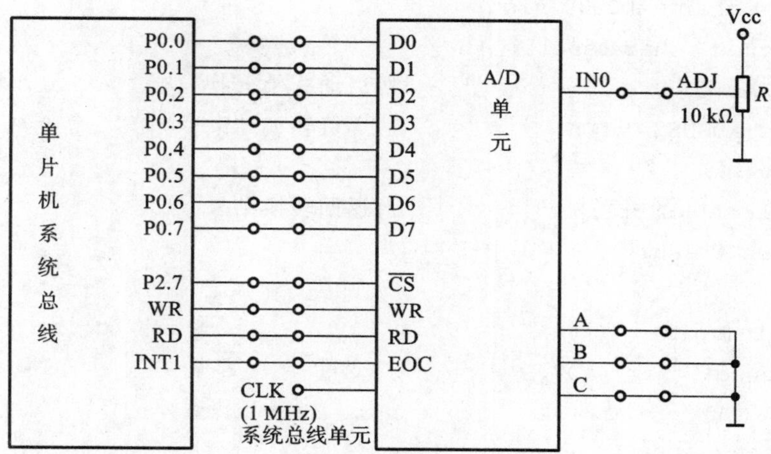

图 3.43　A/D 转换实验接线图

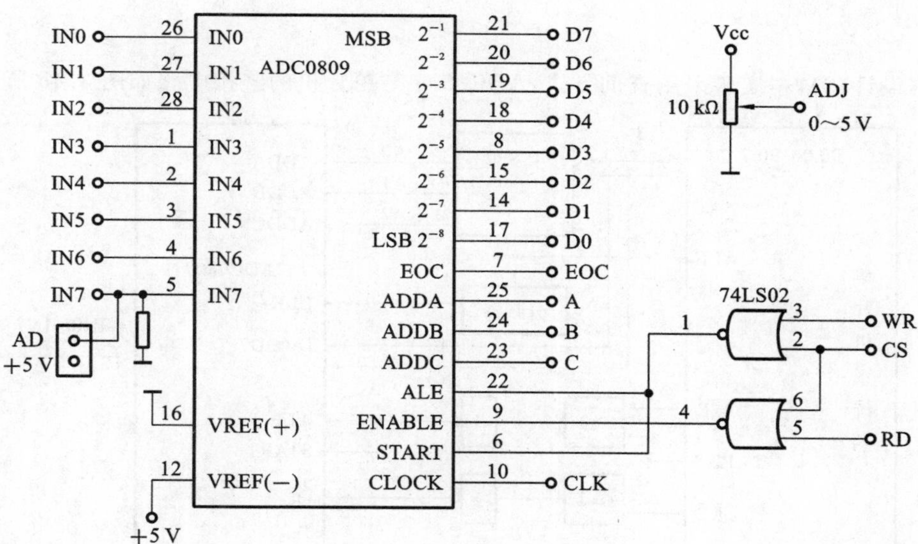

图 3.44　A/D 转换单元原理图

```
#include  "Absacc.h"
#include  "SST89x5x4.h"
#define  STARTAD  XBYTE[0x7F00]
#define  ADRESULT  XBYTE[0x7F08]
sbit  ADBUSY=P3^3;
void  delay( )
{   unsigned  char  k;
    for(k=0;k<100;i++);
}
```

```
unsigned  char  AD0809(viod)
{   unsigned  char result;
    STARTAD=0;                       //启动 A/D 转换
    while(ADBUSY==1);                //等待转换结束
    delay( );
    Result=ADRESULT;                 //返回转换结果
    return  result;
}
void  main(void)
{  unsigned  char  ADV;              //变量
    while(1)
    {    ADV=AD0809( );
         delay( );                   //设置断点
    }
}
```

根据设计(2),本实验采用查询方式,ADC0809 与单片机的连接电路如图 3.45 所示。

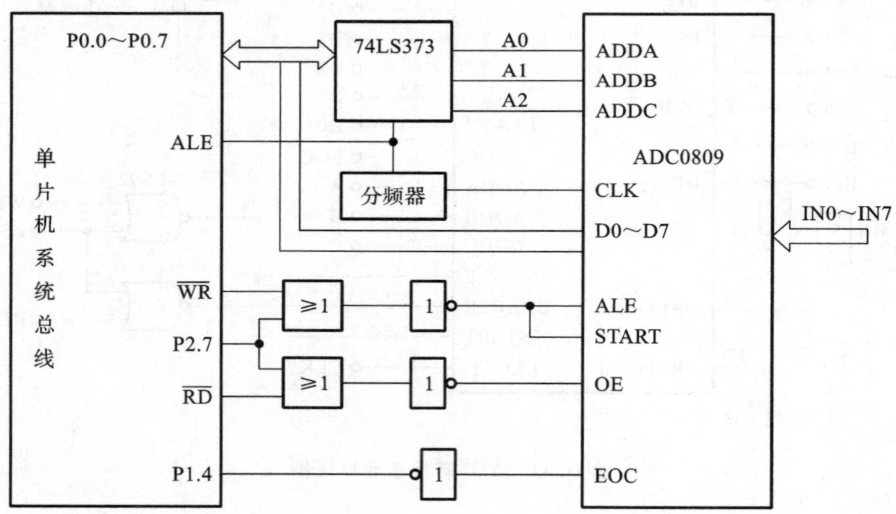

图 3.45　ADC0809 与单片机的连接电路(查询方式)

参考程序如下。

```
#include<AT89x5x.h>
//各数字的数码管段码(共阴极型)
#define uint unsigned  int
#define uchar  unsigned  char
char  code  tab[ ]={0x3f,0x06,0x5b,0x4f,0x66,0x6d,0x7d,0x07,0x7f,0x6f};
char  code  tab1[ ]={0xbf,0x86,0xdb,0xcf,0xe6,0xed,0xfd,0x87,0xff,0xef};
```

```
sbit  CLK=P1^5;                    //时钟信号
sbit  ST=P3^5;                     //启动信号
sbit  EOC=P1^4;                    //转换结束信号
sbit  OE=P3^2;                     //输出使能
sbit  P12=P1^2;
sbit  P14=P1^4;
sbit  P18=P1^8;
void  delayMS(uint  ms)            //延时子程序
{
  unsigned  char  i;
  while(ms--)
    for(i=0;i<120;i++);
}
//显示转换结果
void  delay_result(uchar  j)
{   P12=0;                         //第二个数码管显示百位数
    P2=tab1[j/51]
    delayMS(5);
    P12=1;
    P14=0;                         //第三个数码管显示十位数
    P2=tab[j%51*10/51];
    P14=1;
    delayMS(5);
    P18=0;                         //第四个数码管显示个位数
    P2=tab[j%51*10%51*10/51];
    P18=1;
    delayMS(5);
}
//主程序
void  main( )
{
    P3=0x3f;                       //选择 ADC0809 通道 3(011)
    while(1)
    {
        ST=0;ST=1;ST=0;            //启动 A/D 转换器
        while(EOC==0);             //等待转换结束
        OE=1;                      //允许输入
        delay_result(P0);          //暂存转换结果
```

```
        OE=0;                                   //关闭输入
    }
}
```

根据设计(3),参考程序如下。

```
#include<reg51.h>
#include "absacc.h"
#define uchar unsigned char
#define IN0 XBYTE[0x7ff0]                       //设置 ADC0809 通道 0 的地址
#define ST0809 PBYTE[0x40]                      //设置数据存储地址
uchar *p,*q,i=0;
void init(void)                                 //A/D 采集函数
{
    EA=1
    EX1=1;
    IT1=1;
    *p=IN0;
    *q=ST0809;
    IN0=0x00;                                   //启动 A/D 转换器
}
void INT_EX1( ) interrupt 2
{
    ACC=*p;                                     //读取和存储数据
    *q=ACC;
    p++;
    q++;
    i++;
    if(i==8)                                    //8 路模拟量未转换完,则继续
    {
      EA=0;
      EX1=0;
    }
}
void main( )
{
    init( );
    while(1);
}
```

3.9.4　思考题

(1) 逐次逼近 A/D 转换器由哪几部分组成？各部分的作用是什么？

(2) 用定时器 T0 每隔 20 ms 控制 ADC0809 的 IN0 通道并进行一次 A/D 转换，对其初始化。

3.10　并行 D/A 转换器的设计与应用

数/模转换器，又称为 D/A 转换器，简称 DAC，是把数字量转换成模拟量的器件。DAC 基本上由四个部分组成，即权电阻网络、运算放大器、基准电源和模拟开关。

最常见的 DAC 可将并行二进制的数字量转换为直流电压或直流电流，常用作过程控制计算机系统的输出通道，与执行器相连，实现对生产过程的自动控制。DAC 电路还应用于使用反馈技术的 DAC 设计。

DAC 的主要特性如表 3.15 所示。

表 3.15　DAC0832 性能参数

性能参数	参数值
分辨率	8 位
单电源	+5～+15 V
参考电压	−10～+10 V
转换时间	1 μs
满刻度误差	±1 LSB
数据输入电平	与 TTL 电平兼容

3.10.1　D/A 转换器设计的基本要求

(1) 学习理解数/模信号转换的基本原理；

(2) 掌握 DAC0832 直通方式、单缓冲方式、双缓冲方式的编程方式；

(3) 掌握 D/A 转换程序的编程方法和调试方法。

3.10.2　D/A 转换器的设计原理

D/A 转换器是一种将数字量转换成模拟量的器件，其特点是：接收、保持和转换的数字信息，不存在随温度、时间漂移的问题，其电路抗干扰性较好。大多数的 D/A 转换器接口设计主要围绕 D/A 集成芯片的使用及配置响应的外部电路。DAC0832 是 8 位芯片，采用 CMOS 工艺和 R-RT 形电阻解码网络，转换结果为一对差动电流 I_{out1} 和 I_{out2} 输出。

单片机与 DAC0832 的接口电流，常用的有直通方式、单缓冲方式和双缓冲方式。

直通方式下，电路连接方式非常简单，只要将图 3.46 中的 4 个控制引脚 1、2、17、18 直接接地，19 引脚直接接高电平即可。这种电路使两个内部寄存器都处于常通状态，寄存器中的数据会跟随输入数据的变化而变化，DAC 的输出也同时跟随变化。下面着重介绍常用的单缓冲方法。

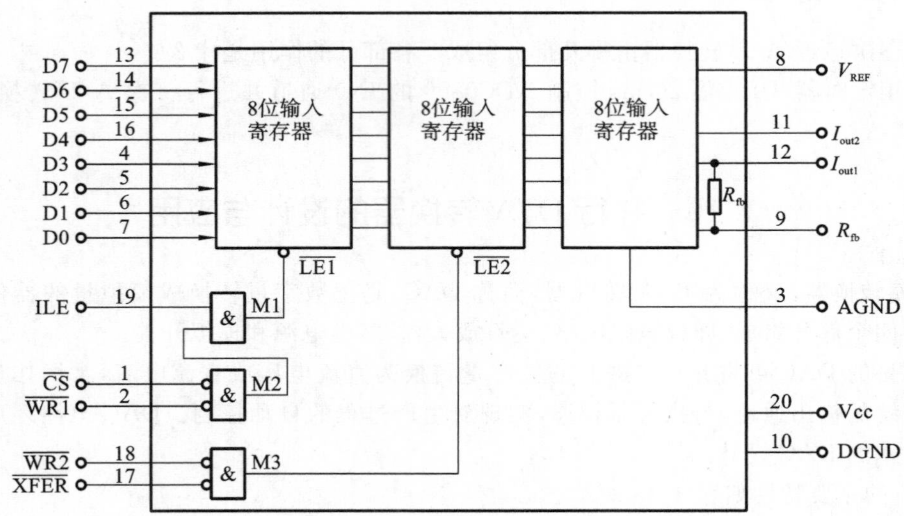

图 3.46 DAC0832 的逻辑结构图

单缓冲方式是指 DAC0832 内部的两个数据缓冲器有一个处于直通方式，另一个处于受单片机控制的锁存方式，接口电路如图 3.47 所示。实际应用中，如果只有 1 路模拟量输出，或虽是多路模拟量输出但并不要求多路输出同步的情况下，均可采用单缓冲方式。

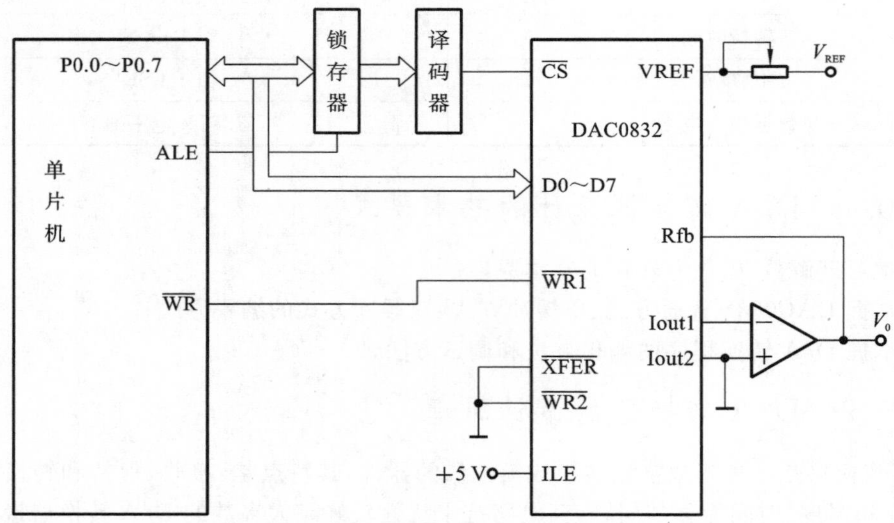

图 3.47 单缓冲方式下单片机与 DAC0832 的接口电路

由图 3.47 可知，$\overline{XFER}$和$\overline{WR2}$接地，使得 8 位 DAC 寄存器处于常通状态。8 位输入寄存器受$\overline{CS}$和$\overline{WR1}$端控制，这种电路连接方式为单缓冲方式。电路中，如果通过译码电路获得的 DAC0832 地址为 FEH，执行下列指令后，在 V_0 端可以获得对应的输出电压。

由译码器输出端送来地址片选信号，使得片选有效，在单片机写信号的控制下，单片机输出的数字量通过数据线(P0)输出到 DAC0832 的 D0～D7 端，经过 1 μs，DAC 输出模拟量电流 I_{out} 经过运算放大器后，在 V_0 端得到模拟量电压信号。

3.10.3　DAC0832 转换器的应用编程

1. 应用电路

DAC0832 的内部逻辑结构电路如图 3.46 所示，引脚图如图 3.48 所示。DAC0832 主要分为如下三部分。

(1) 8 位输入寄存器，用于存放单片机传送的数字量，使输入数字量得到缓冲和锁存，由 $\overline{\text{LE1}}$ 控制。

(2) 8 位 DAC 寄存器，用于存放带转换的数字量，由 $\overline{\text{LE2}}$ 控制。

(3) 8 位 D/A 转换电路，受 8 位 DAC 寄存器输出的数字量控制，能输出和数字量成正比的模拟电流。因此，外接 I/V 转换的运算放大电路，才能得到模拟输出电压。

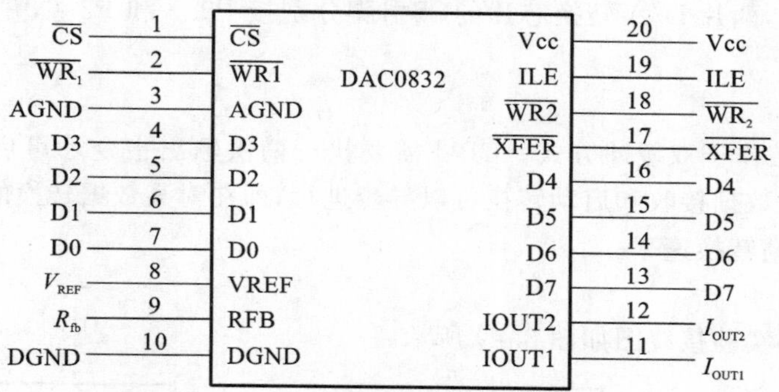

图 3.48　DAC0832 的引脚图

DAC0832 各引脚功能如下：

(1) Vcc：电源的输入端，在＋5～＋15 V 范围内。

(2) DGND：数字信号地。

(3) AGND：模拟信号地，最好与基准电压共地。

(4) D0～D7：8 位数字信号输入端，使用时，与单片机的数据总线端口相连。

(5) $\overline{\text{CS}}$：片选信号输入端，低电平有效。

(6) ILE：数据锁存允许控制器，高电平有效。

(7) $\overline{\text{WR}_1}$：第一级输入寄存器写选通控制输入端，低电平有效。当 $\overline{\text{CS}}=0$，ILE＝1，$\overline{\text{WR}_1}=0$ 时，待转换的数据被锁存到第一级 8 位输入寄存器中。

(8) $\overline{\text{XFER}}$：数据传送控制输入端，低电平有效。

(9) $\overline{\text{WR}_2}$：DAC 寄存器写选通控制输入端，当 $\overline{\text{XFER}}=0$，$\overline{\text{WR}_2}=0$ 时，输入寄存器中的待转换数据被送入 8 位 DAC 寄存器。

(10) R_{fb}：外部反馈信号输入端，内部已有反馈电阻，根据需要也可外接电阻。

(11) I_{out1}：DAC 电流输出 1 端，当输入数字量全为 1 时，达到最大值；当输入数字量全为 0 时，达到最小值。

$$I_{out1}+I_{out2}=常数$$

2. 应用内容

1）设计及要求

设计如下。

(1) DAC0832 工作于单缓冲方式，实现 D/A 转换，要求产生锯齿波、三角波，并用示波器观察电压波形。

(2) DAC0832 工作于双缓冲方式，实现 D/A 同步转换电路，如图 3.49 所示。1＃DAC 的地址为 DFFFH，2＃DAC 的地址为 BFFFH，编程实现将 20H～21H 中两个单元的内容同步转换输出。

要求如下。

(1) 用示波器测量 D/A 的输出，观察实验现象。

(2) 为实现两路 D/A 同步输出的电路，两片 DAC0832 均接成双缓冲方式，$\overline{WR_1}$和$\overline{WR_2}$接 CPU 的写信号$\overline{WR}$，两片 D/A 转换芯片的$\overline{CS}$引脚分别接 P2.5 和 P2.6，并将两个$\overline{XFER}$引脚连在一起接 P2.7。

2）解析

DAC0832 可工作于双缓冲方式。CPU 需要执行两次输出指令才可启动 D/A 转换。双缓冲方式的特点是数据接收和启动转换可以异步进行，即在对某数据转换的同时，能进行下一数据的接收，以提高转换速率。

3）参考程序

根据设计(1)，实验接线图如图 3.49 所示。

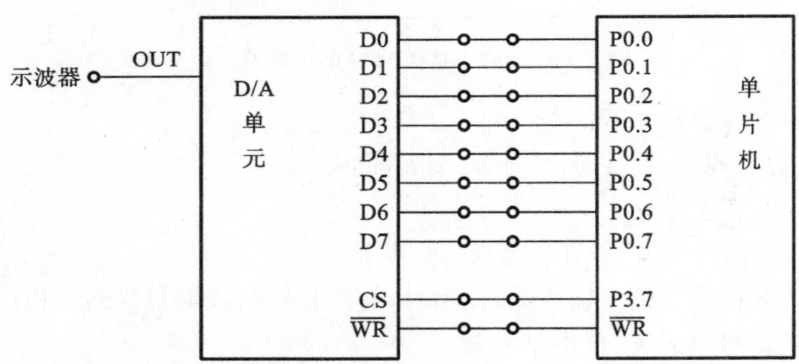

图 3.49 D/A 实验接线图

(1) 产生锯齿波信号的参考程序如下。

```
#include<reg51.h>
#include<absace.h>
#define DAC0832 XBYTE[0x0FE]
void main(void)
{
    unsigned char temp;
    temp=0;
```

```
    while(1)
    {
        for(temp=0;yemp<0xff;temp++)
          DAC0832=temp;
    }
}
```

(2) 产生三角波信号的参考程序如下。

```
#include<reg51.h>
#include<absace.h>
#define  DAC0832  XBYTE[0x0FE]
void  main(void)
{
    unsigned  char  temp;
    temp=0;
    while(1)
    {
         for(temp=0;temp<0xff;temp++)
         DAC0832=temp;
         if(temp==0xFF)
         {
             for(;temp>=0;temp--)
               DAC0832=temp;
         }
    }
}
```

根据设计(2),实验接线图如图 3.50 所示。

参考程序如下。

```
#include  <reg51.h>
#include  <absace.h>                  //允许用户直接访问 MSC-51 单片机的不同存储区
#define  IN  DBYTE[0x20]              //数字信号在内存存放的起始地址为 20H
#define  INPUT1  XBYTE[0xDFFF] //设置输入寄存器地址
#define  INPUT2  XBYTE[0xBFFF]
#define  DACR  XBYTE[0x7FFF]   //设置 DAC 寄存器地址
#define  uchar  unsigned  char
void  main(void)
{
    uchar  char *in_adr;              //定义指向片内 RAM 的指针变量
    in_adr=&IN;                       //指针变量 in_adr 指向内存地址 20H
```

```
    INPUT1=*in_adr++;              //第一个数写入 1#0832 输入寄存器
    INPUT2=*in_adr++;              //第二个数写入 2#0832 输入寄存器
    DACR=0;                        //两路 D/A 同时启动转换
    While(1);
}
```

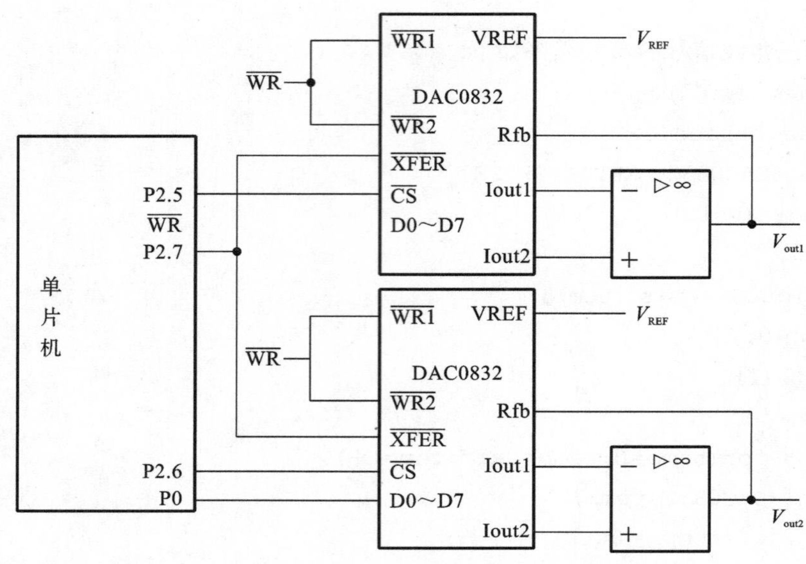

图 3.50　D/A 实验接线图

3.10.4　思考题

(1) 用 DAC0832 进行 D/A 转换时，当输出电压的范围为 0～5 V 时，每变化一个二进制数，其输出电压跳变约 20 mV，即输出是锯齿状的，采取何种措施可使输出信号比较平滑？

(2) 当系统的主频为 6 MHz 时，请计算 DAC0832 产生矩形波信号的周期。

3.11　单片机的串行口设计与应用

3.11.1　单片机的串行口设计的基本要求

(1) 熟练掌握单片机串行口通信的不同工作方式及应用；

(3) 熟练掌握单片机串行口通信中波特率的计算；

(4) 掌握单片机与计算机之间的串行通信。

3.11.2　单片机的串行口的设计原理

89 系列单片机具有一个可编程的全双工串行 I/O 口，通过 TXD(串行数据发送端)和 RXD(串行数据接收端)与外界进行通信，它可以作为通用异步接收和发送器(UART)，也可以作为同步移位寄存器。

1. 串行口的内部结构

单片机串行口的内部结构图如图3.51所示，内部由两个物理上独立的数据缓冲器SBUF（接收数据缓冲器和发送数据缓冲器）、接收控制器、输入移位寄存器、逻辑门、发送控制器、接收控制器、串行口控制寄存器（SCON）、波特率发生器T1、接收端（RXD）和发送端（TXD）等组成。

发送电路由“SBUF”（发送）和“发送控制器”等电路组成，用于串行口的发送；接收电路由“SBUF”（接收）、“接收移位寄存器”和“接收控制器”等组成，用于串行口的接收。“SBUF”（发送）和“SBUF”（接收）都是8位缓冲寄存器，前者用于存放将要发送的数据；后者用于存放串行口接收的数据。它们共用一个端口地址SBUF(99H)，CPU可以通过执行不同指令对它们进行存取。

发送缓冲器只能写入，不能读出；接收缓冲器只能读出，不能写入。SBUF与移位寄存器构成了串行接收的双缓冲器结构，以避免在接收时产生两帧重叠问题。对于发送控制器，因为发送时CPU是主动的，不会产生写重叠问题，一般并不需要双缓冲结构，以保持最大的传输速率。

串行口的正常工作除了数据缓冲器SBUF以外，还需要串行口控制寄存器（SCON）、电源控制寄存器（PCON）来配合工作。下面介绍这些寄存器的结构及参数设置。

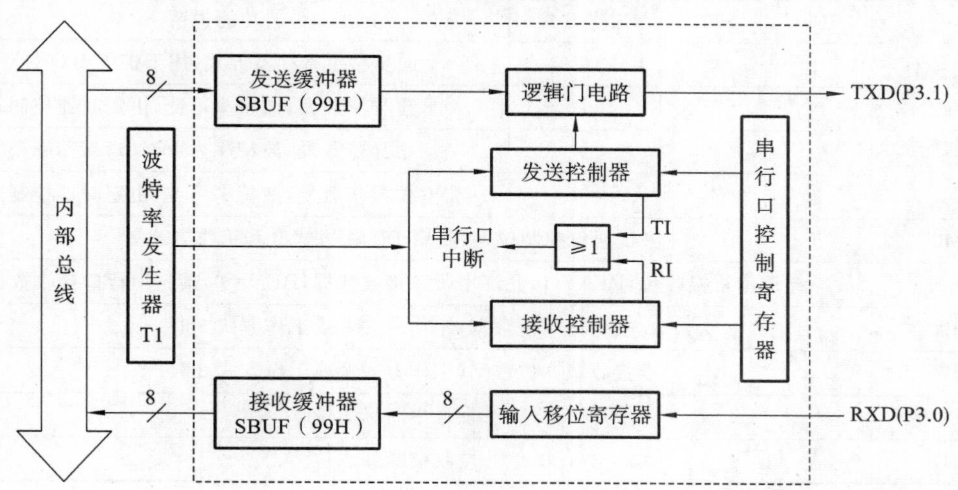

图3.51 单片机串行口内部结构图

(1) 发送缓冲器SBUF和接收缓冲器SBUF：二者在物理上相互独立，可同时发送、接收数据。发送缓冲器用于存放准备发送出去的数据，只能写入、不能读出；接收缓冲器用于接收由外部输入移位寄存器中的数据，只能读出、不能写入。两个缓冲器共用一个字节地址（99H），通过读/写指令区别是对哪个SBUF进行操作。

(2) 波特率发生器：利用定时器T1的作用产生收发过程中节拍控制的通信时钟，控制发送和接收速率。

(3) 发送控制器：在逻辑门电路和定时器T1的配合下，将发送缓冲器SBUF中的并行数据转为串行数据，并自动添加起始位、奇偶校验位、停止位。这一过程结束后自动使发送中断请求标志位 TI 置位，用于通知 CPU 将发送缓冲器 SBUF 中的数据输出到 TXD 引脚。

(4) 接收控制器：在输入移位寄存器和定时器 T1 的配合下，来自 RXD 引脚的串行数据转为并行数据，并自动过滤掉起始位、奇偶校验位、停止位。这一过程结束后，接收中断请求标志位 RI 自动置位，用于通知 CPU 将接收的数据存入接收缓冲器 SBUF。

(5) 输入移位寄存器：输入 1 个串行数据，转化为输出是 8 个并行的数据。

(6) 串行口控制寄存器(SCON)：用于存放串行口的控制和状态信息。

(7) RXD(P3.0)和 TXD(P3.1)：用于串行信号或时钟信号的输入或输出。

2. 串行口的控制与管理

1) 串行口控制寄存器(SCON)

SCON 是一个可位寻址的特殊功能寄存器，用于设定串行口的工作方式、控制串行口的接收/发送及状态标志，单片机复位时，SCON 中的所有位均为 0，SCON 的字地址为 98H，位地址为 98H～9FH。SCON 如表 3.16 所示。

表 3.16 SCON(串行口控制寄存器)

D7	D6	D5	D4	D3	D2	D1	D0
SM0	SM1	SM2	REN	TB8	RB8	TI	RI
SM0、SM1 串行口工作方式选择位	SM0	SM1	工作方式	功能说明			
	0	0	0	同步移位寄存器方式(用于扩展 I/O 口)			
	0	1	1	8 位异步收发，波特率可变(由定时器控制)			
	1	0	2	9 位异步收发，波特率为 fosc/64 或 fosc/32			
	1	1	3	9 位异步收发，波特率可变(由定时器控制)			
SM2	多机通信控制位，主要用于工作方式 2 和工作方式 3						
REN	允许串行接收位：REN=1，允许串行口接收数据；REN=0，禁止串行口接收数据						
TB8	发送第 9 位数据(工作方式 2 或工作方式 3 时)						
RB8	接收第 9 位数据(工作方式 2 或工作方式 3 时)						
TI	发送中断标志位						
RI	接收中断标志位						

串行口控制寄存器(SCON)在 SFR 中的物理地址为 98H，是可位寻址的特殊功能寄存器，用于通信方式的选择，接收和发送控制通信状态的指示。

工作方式 0 主要用于单片机 I/O 的扩展，在数据的输入和输出控制中，RXD 作为数据线，TXD 输出同步时钟脉冲。而且在工作方式 0 下，以 8 位数据位为一帧，不设起始位和停止位，先发送或接收最低位。波特率固定位晶振频率的 1/12。

工作方式 1 用于 10 位数据的发送(TXD 引脚发送)或接收(从 RXD 引脚接收)：1 个启动位，8 个数据位，1 个停止位。在接收数据时，停止位被送入特殊功能寄存器 SCON 的 RB8。波特率是可变的。

工作方式 2 和工作方式 3 的数据帧格式都是 11 位，其中 1 个启动位，9 个数据位，1 个停止位。可编程位(D8)可以由软件赋予 0 或 1，存放在 TB8 中，发送时连同 8 位数据共同通过通信总线发出。接收端收到数据后，接收的 D0～D7 数据在接收 SBUF 内，发送的可编程位存入 RB8 中。工作方式 2 的波特率可为 1/32 或 1/64 晶振频率；工作方式 3 的波特率是可变的，可通过定时器 T1 设定。

2）电源控制寄存器(PCON)

PCON 主要是为了在单片机上实现电源控制而设置的，其字节地址为 87H，不能进行位寻址，在串行通信时只用了 PCON 中的 SMOD 位。PCON 如表 3.17 所示。

表 3.17　PCON(电源控制寄存器)

D7	D6	D5	D4	D3	D2	D1	D0
SMOD	—	—	—	GF1	GF0	PD	IDL
SMOD	波特率选择位：SMOD=0，不倍频；SMOD=1，倍频						

3. 串行口工作方式

串行口和定时器一样，也需要用程序来设置工作方式，另外，它还有一个波特率的设置。

单片机串行口有四种工作方式，即工作方式 0、工作方式 1、工作方式 2、工作方式 3，由串行口控制寄存器 SCON 中 SM0、SM1 这两位进行定义，编码如表 3.16 中所示。

1）工作方式 0

串行口的工作方式 0 为同步移位寄存器的输入/输出方式，主要用于扩展并行输入或输出口数据，由 RCD(P3.0)引脚输入或输出，同步移位脉冲由 TXD(P3.1)引脚输出。发送和接收的数据均为没有起始位和停止位的 8 位数据，低位在先，高位在后，波特率固定为 fosc/12。

2）工作方式 1

串行口的工作方式 1 为 10 位数据的异步串行通信方式。1 帧数据的格式如图 3.52 所示，其中包括 1 个起始位、8 个数据位和 1 个停止位。TXD 为数据发送引脚，RXD 为数据接收引脚。

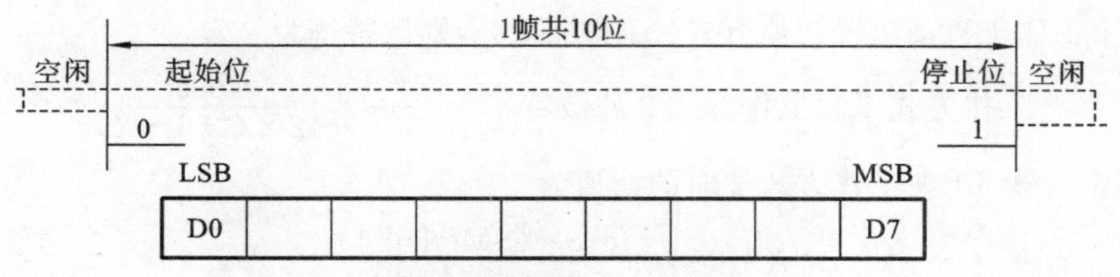

图 3.52　工作方式 1 的帧格式

3）工作方式 2

串行口的工作方式 2 为 9 位数据的异步串行通信方式。1 帧数据的格式如图 3.53 所示，其中包括 1 个起始位、8 个数据位、1 个可程控位和 1 个停止位。

4）工作方式 3

串行口的工作方式 3 为 9 位数据的异步串行通信方式。除了波特率外，工作方式 2 和工作方式 3 的其他功能格式相同。工作方式 3 的波特率也可调，其值由定时器 T1 的溢出率与

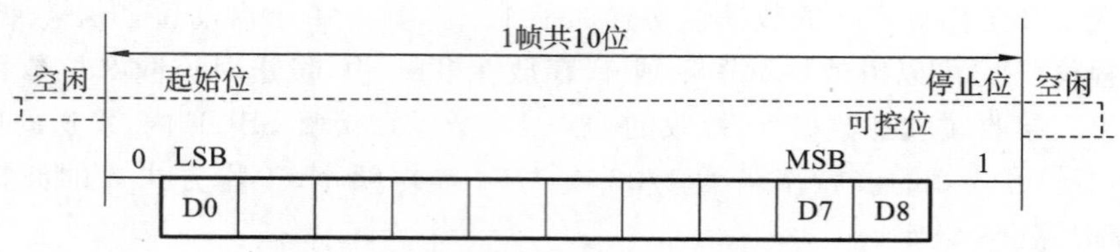

图 3.53 工作方式 2 的帧格式

SMOD 的值共同决定，与工作方式 1 的波特率相同。

4. 波特率的设定

1）波特率的来源

8XX51 的波特率发生器的时钟来源有以下两种：

一是来自系统时钟的分频值，由于系统时钟的频率是固定的，所以此种方式的波特率是固定的；

另一种是由定时器 T1 提供的，波特率由 T1 的溢出率控制，T1 的计数初值是可以用软件改写的，因此是一种可变波特率方式，此时 T1 工作于工作方式 2(8 位自动重装入方式)。

2）波特率的计算

串行通信，发送方把二进制数一位位地传送出去，接收方一位位地接收，双方的传输速率配合相当重要，发送方和接收方的波特率应该相等。波特率表示每秒传送二进制数的位数，它是串行口发送和接收的移位脉冲频率，因此，设置通信的波特率非常重要。

$$\text{工作方式 0 的波特率} = \text{fosc}/12$$

$$\text{工作方式 2 的波特率} = \text{fosc} \times 2^{\text{SMOD}}/64$$

式中：SMOD 是电源控制寄存器(PCON)中的一位(最高位)，该位用于对波特率加倍，工作方式 0 和工作方式 2 的波特率基本上是固定的，由晶振频率 fosc 决定，不可轻易改变。

工作方式 1 和工作方式 3 的波特率，则可以由设定 T1 的初值进行任意改变。

$$\text{工作方式 1 和工作方式 3 的波特率} = (2^{\text{SMOD}}/32) \times \text{T1 溢出率}$$

如果 T1 工作于自动重置初值方式(工作方式 2)，则波特率为

$$\text{工作方式 1 和工作方式 3 的波特率} = \frac{2^{\text{SMOD}}}{32} \times \frac{\text{fosc}}{12 \times (256 - X)}$$

反过来定时器 T1 在工作方式 2 时的初值为

$$X = 256 - \frac{\text{fosc} \times (\text{SMOD} + 1)}{384 \times \text{波特率}}$$

如果晶振频率 fosc＝12 MHz，SMOD＝1，拟设定波特率为 4800 b/s，则定时器 T1 在工作方式 2 下的初值为

$$X = 256 - \frac{12 \times 10^6 (1+1)}{384 \times 4800} \approx 243 = \text{FH}$$

注意：在求 X 时，由于只能取整数，X 的值一般是近似值，由它返回计算出的波特率存在较大的误差，这时需要综合考虑波特率和 SMOD 位的选定，使误差降到最低。

AT89S51/AT89S52 的波特率发生器可以由定时器 1 或定时器 2 实现。

(1) 使用定时器 1。

工作方式 1 的波特率是可变的，其波特率由定时器 1 的计数溢出率决定，其公式为

$$工作方式 1 的波特率(BR)=2^{SMOD}/32\times 定时器 T1 的溢出率$$

式中：SMOD 为 PCON 最高位的值，SMOD=1 表示波特率加倍。

当定时器 1(也可使用定时器 2)作为波特率发生器使用时，通常选用定时器 1 的工作方式。注意：不要把定时器/计数器的工作方式与串行口的工作方式混淆！

工作方式 2 的计数结构为 8 位，假定计数初值为 Count，则定时时间 $T=(256-\text{Count})\times$ Tcy，从而在 1 s 内发生溢出的次数(溢出率)为 $1/[(256-\text{Count})\times \text{Tcy}]$，其波特率为 $2^{SMOD}/32\times[(256-\text{Count})\times \text{Tcy}]$。

对具体的单片机系统而言，其时钟频率是固定的，从而机器周期也是可知的，所以在上面的公式中，有波特率和计数初值两个变量。只要已知其中一个变量的值，就可以求出另一个变量的值。

在串行口工作方式中，之所以选择定时器的工作方式 2，是由于工作方式 2 具有自动加载功能，从而避免了通过程序反复装入计数初值而引起的定时误差，进而使得波特率更加稳定。

工作方式 1 的常用波特率如表 3.18 所示。

表 3.18　工作方式 1 的常用波特率

串行口工作方式	波特率/(b/s)	fosc=6 MHz			fosc=12 MHz			fosc=11.0592 MHz		
		SMOD	TMOD	TH1	SMOD	TMOD	TH1	SMOD	TMOD	TH1
工作方式 1	57600							1	20	FFH
	28800							1	20	FEH
	19200							1	20	FDH
	9600							0	20	FDH
	4800				1	20	F3H	0	20	FAH
	2400	1	20	F3H	0	20	F3H	0	20	F4H
	1200	1	20	E6H	0	20	E6H	0	20	E8H
	600	0	20	CCH	0	20	CCH	0	20	D0H
	300	0	20	CCH	0	20	98H	0	20	A0H

(2) 使用定时器 2。

AT89S52 的单片机配置定时器 2，设置定时器 2 工作在波特率发生器工作方式，定时器 2 的溢出脉冲经 16 分频后作为串行口发送脉冲、接收脉冲。发送脉冲、接收脉冲的频率称为波特率，其计算公式为

$$\text{BR}=\frac{\text{fosc}}{32\times[65536-(\text{RCAP2H},\text{RCAP2L})]}$$

式中：(RCAP2H，RCAP2L)为 16 位寄存器的初值(定时常数)，寄存器 RCAP2H 和 RCAP2L 的值由软件预设。

3.11.3 单片机的串行口设计应用编程

1. 应用电路

1）单片机双机通信

单片机与计算机或单片机与单片机之间的信息交换称为通信。串行通信是指传送数据的各位按顺序一位一位地发送或接收。其特点是仅需一条或者两条传输线，传输线数目少，比较经济，适合远距离传输，但是传输速度较慢。串行通信方式的连接方法如图 3.54 所示。

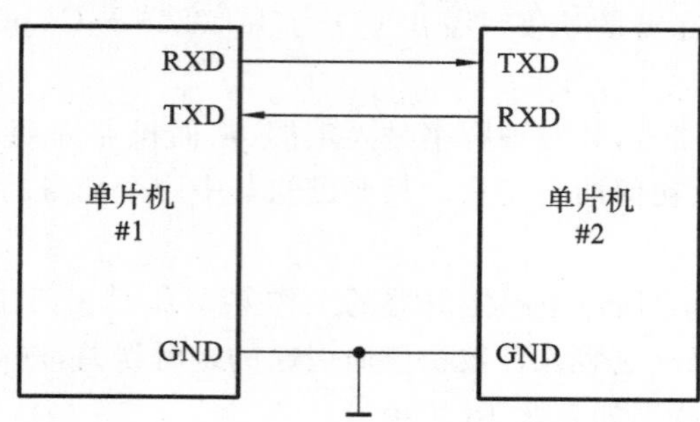

图 3.54 串行通信方式

2）串行通信的数据传输形式

按照传输数据流向，串行通信具有以下三种传输形式。

(1) 单工方式：传输线采用一条线，通信系统一端为发送器（TXD），另一端为接收器（RXD），数据只能按照一个固定的方向传送，如图 3.55(a)所示。

(2) 半双工方式：传输线仍然采用一条线，在某时刻，通信系统只能由一个 TXD 和一个 RXD 组成，不能同时在两个方向传送，收发开关由软件方式切换，如图 3.55(b)所示。

(3) 全双工方式：这种方式分别用两条独立的传输线来发送数据和接收数据，通信系统每端都有 TXD 和 RXD，可以同时发送和接收数据，即数据可以在两个方向上同时传送，如图 3.55(c)所示。

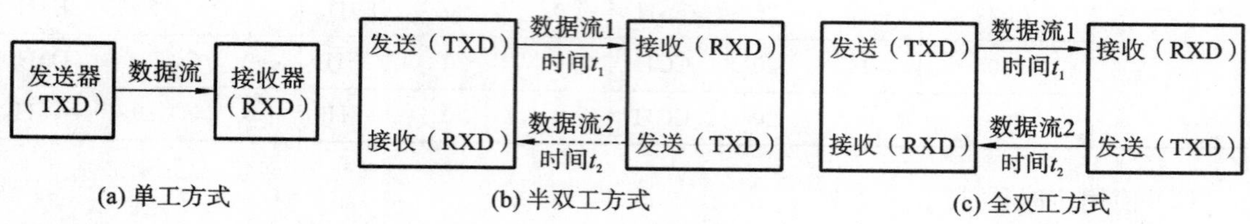

图 3.55 串行通信的数据传输形式

2. 应用内容

1）设计及要求

设计如下。

(1) 串行口设为工作方式 1，其中一个单片机为发送方，另外一个单片机为接收方，发送数据块大小为 10 字节，存放在发送方单片机的内部 RAM 50H～59H 中，通过发送方单片机的串行口发出，再通过接收方单片机串行口接收，接收数据块存放到接收方单片机的内部 RAM

60H～69H 中。实验中数据传输通过程序查询控制，通过查询数据判断是否已发送或已收到数据。发送数据之前，发送方单片机持续发送联络信号 AAH 给接收方单片机，收到接收方单片机的应答信号后，发送方单片机才开始发送数据块。发送和接收的数据均传送至各自 P2 口的数码管显示。

(2) 从键盘接收的字符由串行口 1 发送出去，从串行口接收的字符在屏幕上显示。这个函数可以用于测试单片机串行口的接收和发送。

(3) 单片机发送测试 test_send.c，每发送一串字符"HELLO"延时一段时间后重复发送，和微型计算机连接后，微型计算机上执行 RS232 接口程序就可以在屏幕上显示接收到的字符串。

(4) 发测试程序 test_tr.c，接收到字节后即刻发送出去，和微型计算机相连后，微型计算机输入的字符应该回显在屏幕上。

要求如下。

(1) 参考程序可以在双方同时运行，不同的是在程序运行之前，要判断 P1.0 口的输入：若 P1.0=1，则表示该单片机是发送方；若 P1.0=0，则表示该单片机是接收方。

(2) 设微型计算机的串行口工作在波特率 9600 b/s、数据 8 位、停止位 1 位、无奇偶校验的简单模式下，通信端口设置位 COM1。

测试时把微型计算机串行口与单片机系统的串行口相连接，串行口收发程序运行在微型计算机上。测试单片机的串行通信状态。

2) 解析

工作方式 1 的数据发送是由一条写发送寄存器(SBUF)指令开始的，随后在串行口由硬件自动加入起始位和停止位，就构成了一个完整的帧格式，然后在移位脉冲的作用下，由 TXD 端串行输出。一个字符帧发送完后，使 TXD 输出线维持在 1(SPACE)状态下，并将 SCON 的 TI 置 1，通知 CPU 可以发送下一个字符。

接收字符时，SCON 的 REN 位应处于允许接收状态(REN=1)。在此前提下，串行口采样 RXD 端，当采样到从 1 向 0 的状态跳变时，就认定是接收到起始位。随后在移位脉冲的控制下，把接收到的数据移入接收寄存器中。直到停止位到来之后停止位送入 RB8，并置位中断标志位 RI，通知 CPU 从 SBUF 取走接收到的一个字符。

3) 参考程序

根据设计(1)，参考程序如下。

```
//在 P2 口显示启动信号 AA、应答信号 BB，发送数据
#include<stdio.h>
#include<intrins.h>
#include<Absacc.h>
#include<string.h>
#include<ctype.h>
#define  byte  unsigned  char
#define  uchar  unsigned  char
#define  word  unsigned  int
```

```
#define uint unsigned int
#define ulong unsigned long
#define BYTE unsigned char
#define WORD unsigned int
#define TRUE 1
#define FALSE 0
sbit P10=P^0;                          //P10=1,设置发送数据;P10=0,设置接收数据
void inituart(void);                   //初始化串行口波特率,使用定时器 1
void send(uchar idata *d);             //发送函数
void receive(uchar idata *d);          //接收函数
void inituart(void);                   //初始化串行口
void time(unsigned int ucMS);          //延时单位:ms
uchar idata sbuf [10] _at_ 0x50;       //发送内容
uchar idata rbuf [10] _at_ 0x60;       //接收缓冲区
/********main 函数********/
void main(void)
{   inituart(void);                    //初始化串行口
    time(10);                          //延时等待外设,完成复位
    if(P10)                            //如果发送标志有效,初始化发送数组数据
    {  uchar i;
       for(i=0;i<10;i++)
       {
           sbuf[i]=0x20+i;
       }
    }
    if(P10)                            //发送数据
    {
        send(sbuf);
    }
    else                               //接收数据
    {
        receive(sbuf);
    }
    while(TRUE){}
}
void inituart(void)                    //初始化串行口波特率,使用定时器 1
{
```

```
    SCON=0x50;                        //串行口工作方式 1
    TMOD=0x20;
    PCON=0x0;
    TH1=0xfd;
    TCON=0x40;
}
void  send(uchar  idata  *d)      //发送函数
{
   uchar  i;
   do{
        P2=0xaa;
        SBUF=0xaa;                  //发送联络信号
        while(TI==0){} YI=0;
        while(RI==0){} RI=0;
   }while((SBUF^0xbb)!=0);          //乙机未准备好,继续联络
   P2=SBUF;
   time(500);
   //发送一组数据:0x20,0x21,0x22,0x23,0x24,0x25,0x26,0x27,0x28,0x29
   for(i=0;i<10;i++)
   {    P2=d[i];
        time(500);
        SBUF=d[i];
        while(TI==0){}TI=0;
   }
}
void  receive(uchar  idata  *d); //接收函数
{
   uchar  i;
   do{
       while(RI==0){} RI=0;
       P2=SBUF;
       time(500);
   } while((SBUF^0xaa)!=0);         //判断甲机是否发送请求
   P2=0xbb;
   time(500);
   SBUF=0xbb;                       //发送应答信号
   while(TI==0){}TI=0;
   while(1)
```

```
    {
        for(i=0;i<10;i++)
        {
          while(RI==0){} RI=0;
          d[i]=SBUF;                    //接收一个数据
          P2=d[i];                      //显示接收数据
        }
     }
}

/*****************延时函数说明*******************
延时 5 us,晶振改变时只改变这一个函数;
1. 对 11.0592 MHz 晶振而言,需要 2 个_nop_( );
2. 对 22.1184 MHz 晶振而言,需要 4 个_nop_( );
**********************************************/
void  delay_5us(void)                   //延时 5 us,晶振改变时只要改变这一函数
{   _nop_( );
    _nop_( );
    //_nop_( );
    //_nop_( );
}
/*************延时 50 us 函数**************/
void  delay_50us(void)                  //延时 50 us
{ unsigned  char  i;
  for(i=0;i<4;i++)
  {  delay_5us( );
  }
}
/*************延时 100 us 函数*************/
void  delay_100us(void)                 //延时 100 us
{  delay_50us( );
   delay_50us( );
}
/*************延时单位:ms**************/
void  time(unsigned  int  ucMs)  //延时单位:ms
{   unsigned  char  j;
    while(ucMs>0)
    {   for(j=0;j<10;j++)delay_100us( );
```

```
        ucMs--;
    }
}
```

根据设计(2),参考程序如下。

```
#include<reg51.h>
#include<stdio.h>
#define  PROTOCAL 0xe3                              //定义 RS232 通信协议、波特率
//bioscom 控制函数的工作命令
#define  PROT  0
#define  TX  1
#define  RX  2
#define  STATUS  3
int  port=0;                                        //系统通信端口使用 COM1
void  main( )
{   int s;   unsigned  char  c;
    //设定 RS232 通信协议
    bioscom(PROT,PROTOCAL,port);
    clrscr( );                                      //显示工作画面
    puts("-------------------------");
    puts("test.exe  PC  RS232   COM 1  <9600  N  8  1>");
    puts("-------------------------");

    while(1)
    {     s=bioscom(STATUS,0,prot)&0x100;
          if(s)
          {                                         //接收数据
             c=bioscom(RX,0,port);
             printf("%c",c);                        //显示在屏幕上
             //检查 PC 上是否按下任何键
             if(kbhit( ))
             {     c=getch( );                      //读取按键
                   switch(c)
                   {  case  ' ':                    //空白键清屏
                          clrscr( );
                          puts("-------------------------");
                          puts("test.exe PC RS232  COM 1  <9600  N  8  1>");
                          puts("-------------------------");
                          break;
```

```
                case  27:                   //按下 ESC 键退出程序
                    exit(0);
                    break;
                default:
                    printf("%c",c);         //打印按键值
                    bioscom(TX,c,port);     //同时由 RS232 口送出
                    break;
            }
        }
    }
  }
}
```

根据设计(3),串行口在工作方式 0 下的应用举例:用 8 位串行输入/并行输出的同步移位寄存器 74LS164 扩展并行输出口。

```
#include <reg51.h>
#define  uchar unsigned  char            //宏定义
sbit  P3_7=P3^7;                         //定义 P3.7 引脚为"加 1 键"
sbit  P1_0=P1^0;                         //定义 P1.0 引脚为个位数码管的公共端
uchar  code  table[ ]={0x3f,0x06,0x5b,0x4f,0x66,0x6d,0x7d,0x07,0x7f,
                        0x6f};
//共阴极型数码管的段码表
ichar  count;                            //定义计数器
void delay10ms(void)                     //延时 10 ms 函数
{
    uchar  i,j;
    for(i=10;i>0;i--)
      for(j=125;j>0;j--);
}
void  main( )
{
    P1_0=0;                              //选通个位数码管
    count=0;                             //从 0 开始计数
    sbuf=table[count%10];                //发送 0 的段码
    while(1)
    {
        if(P3_7==0)                      //判断"加 1 键"是否按下
        {
            delay10ms( );                //延时消抖
```

```
            if(P3_7==0)              //确认"加 1 键"是否按下
            {
              count++;               //若"加 1 键"按下,则计数器加 1 计数
              if(count==10)          //判断是否加到 10
              {
                count=0;             //若加到 10,则重复从 0 开始
              }
              sbuf=table[count%10];//发送计数值的段码
              while(P3_7==0);        //等待松键
            }
        }
    }
}
```

根据设计(4),采用串行口方式 1 的双机通信。

(1) 数据发送程序如下。

```
#include <reg51.h>
#define uint  unsigned  int
#define uchar unsigned  char
char  code  table[ ]={0xfe,0xfd,0xfb,0xf7,0xef,0xdf,0xbf,0x7f,0xff,
                     0x6f,0x7f,0xbf,0xdf,0xef,0xf7,0xfb,0xfd,0xfe,
                     0xff,0x6f };//流水灯控制码
//发送 1 个字节数据子函数
void send(uchar  dat)
{
  SBUF=dat;
  while(TI==0);
   TI=0;
}
//延时 x ms 子函数
void delayxms(uint  x)
{
  uint i,j;
  for(i=x;i>0;i--)
    for(j=125;j>0;j--);
}
void  main(void)
{  uchar  i;
   TMOD=0x20;                  //设置波特率为 9600 b/s,设置定时器 1 的工作方式和
```

```
                                //初始值
    SCON=0x40;                  //设置串行口工作方式 1
    PCON=0x80;                  /*fosc=12 MHz,SMOD=1,这里是对 PCON 的设置,如
                                  果最高位 SMOD= 1,则波特率加倍,如果设置为
                                  9600 b/s,则波特率加一倍*/
    TL1=0xf3;                   //根据规定给定时器 T1 赋初值
    TH1=0xf3;                   //根据规定给定时器 T1 赋初值
    TR1=1;                      //启动定时器 T1
    while(1)
    {
        for(i=0;i<18;i++)       //模拟检测数据
        {
            send(table[i]);     //发送数据 i
            delayxms(500);      //500 ms 发送一次检测数据
        }
    }
}
```

(2) 数据接收程序如下。

```
#include<reg51.h>
#define uint unsigned  int
#define uchar unsigned  char
//接收 1 个字节数据子函数
uchar receive(void)
{
    uchar  dat;
    while(RI==0)        //只要接收中断标志位 RI 没有被置位,则等待直至接收完毕
                        //(RI=1)
      RI=0;                     //为了接收下一帧数据,需将 RI 清 0
    dat=SBUF;                   //将接收缓冲器中的数据存于 dat
    return dat;
}
void  main(void)
{
      TMOD=0x20;                //定时器 T1 工作方式 2
      SCON=0x50;                //串行口工作方式 1,允许接收(REN=1)
      PCON=0x80;                /*fosc=12 MHz,SMOD=1,这里是对 PCON 的设置,如
                                  果最高位 SMOD=1,则波特率加倍,如果设置为
                                  9600 b/s,则波特率加一倍*/
```

```
    TL1=0xf3;                  //根据规定给定时器 T1 赋初值
    TH1=0xf3;                  //根据规定给定时器 T1 赋初值
    TR1=1;                     //启动定时器 T1
    REN=1;                     //允许接收
    while(1)
    {
      P1=receive( );           //将接收到的数据送 P1 口显示
    }
}
```

3.11.4　思考题

(1) 什么是异步串行通信？它有什么特点？有哪几种帧格式？

(2) 什么是串行通信的波特率？

(3) 串行通信有哪几种制式？各有什么特点？

(4) 串行通信有几种工作方式？

(5) 为什么定时器 T1 用于串行口波特率发生器时，常采用工作方式 2？

(6) RS232 对电气特性、逻辑电平和各种信号线功能都进行了哪些规定？

3.12　电子广告显示屏控制与应用

电子显示屏广泛用于各小区动态显示相关信息、机场显示航班的信息、火车站滚动显示车到站时刻表、银行利率显示、股市行情显示等公众信息显示场合，电子广告显示屏是由成千上万个发光二极管(LED)组成的，为方便安装，将若干个 LED 组合在一个模块上，若干个模块再组成大屏幕。

3.12.1　电子广告显示屏控制的基本要求

掌握单片机控制电子广告显示屏的编程方法。

3.12.2　电子广告显示屏的控制原理

电子广告屏由数个 LED 组成，市售的模块按 LED 的排列有 5×7、5×8、8×8 等几种类型。为方便安装，将若干个 LED 组合在一个模块上，若干个模块再组成大屏幕。

图 3.56 所示的为一个共阳极 8×8 的单色 LED 点阵模块 LG12088B 的内部电路图及点阵中的 LED 所在的行号、列号及控制引脚。图中，LED 排列成点阵的形式，同一行的 LED 阴极连在一起，同一列的阳极连在一起，仅当阳极和阴极的电压被加上，使 LED 为正偏时，LED 才发亮。本实验的电子广告显示屏采用 4 个 8×8 LED 点阵构成 16×16 点阵屏，可以显示一个汉字，通过循环轮流显示，可以完成任意多个汉字组成的广告词显示。

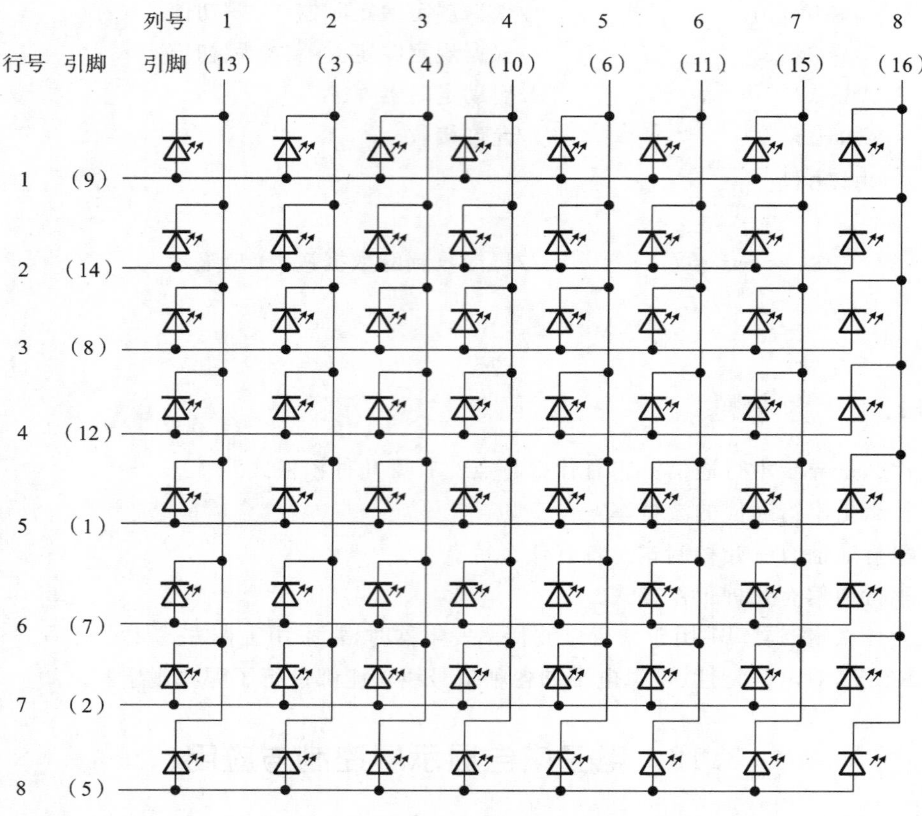

图 3.56 点阵模块的内部电路和引脚

LED 点亮的方法可以按行顺序点亮(行扫描法),也可以按列顺序点亮(列扫描法)。如果采用行扫描法,扫描的顺序为左块第一行亮,右块第一行亮,然后左块第二行亮,右块第二行亮……如“欢”字的行扫描码对应于图 3.57 中的横向扫描码,顺序输出的扫描码为 00 80 00 80 FC 80 04 FC……对一行而言,有多个 LED 同时亮,而对列而言,一列只有一个 LED 亮,因此行驱动能力要大一些。如果采用列扫描法,扫描的顺序为上块第一列亮,下块第一列亮,然后上块第二列亮,下块第二列亮……对行而言,一行只一个 LED 亮,而对一列而言,有多个 LED 同时亮。如“欢”字的列扫描码对应于图 3.57 中的竖向扫描码,顺序输出的扫描码应为 20 08 2C 10 23 60 ……

一个 16×16 的汉字点阵信息(字模编码)需要占 32 字节,按照扫描顺序排列,存放于字模编码表(数组)中。行选轮流选通,列选查表输出,或者列选轮流选通,行选查表输出,这要根据选择行扫还是列扫决定。一个字循环扫描多次,就能看到稳定的汉字。

3.12.3 电子广告显示屏控制的应用编程

1. 应用电路

单片机采用 AT89S51 或其兼容系列的芯片,采用 12 MHz 或更高频率的晶振,以获得较高的刷新频率,使显示更稳定。单片机的串行口与列驱动器相连,用来传送、显示数据,P1 口

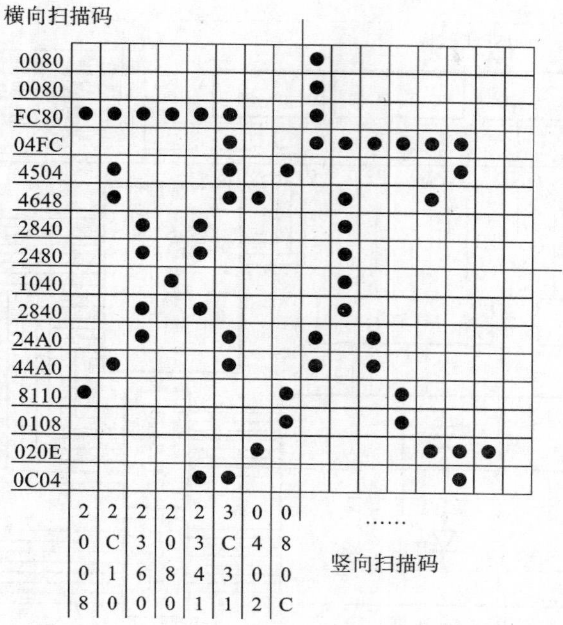

图 3.57　"欢"的汉字字模

低 4 位与行驱动器相连，输出行选信号，P1 口的高 4 位则用来发送控制信号，P0 和 P2 口空着，必要时可以扩展系统的 ROM 和 RAM。

单片机 P1 口低 4 位输出的行号经 4-16 译码器 74LS154 译码后，生成 16 个行选通信号，再经过驱动器驱动对应的行线。一条行线上要带动 16 列的 LED 进行显示，按每一个 LED 器件 20 mA 电流计算，16 个 LED 同时发光，则需要 320 mA 电流，选用晶体管 8550 作为驱动管可满足此要求。

在实际应用中对显示屏的控制采用动态扫描显示方法，即逐行轮流点亮显示屏，这样扫描驱动电路就可以实现多行(如 16 行)的同名列共用一套列驱动器。从控制电路到列驱动器的数据传输可以采用串行方式。要解决串行传输中列数据准备和列数据显示的时间矛盾问题，可以采用重叠处理的方法，即在显示本行各列数据的同时，传送下一列的列数据。为了达到重叠处理的目的，列数据的显示就需要具有锁存功能。

"欢"的汉字字模编码如图 3.57 所示，显示屏电路与 ISP 实验板的连线如图 3.58 所示。

16×16 点阵屏，总共有 16 条行线和 16 条列线，256 个发光二极管。一个 LED 亮需 10～20 mA 的电流，因此单片机通过外加驱动电路 74LS573 点亮发光二极管。由于单片机的并行口具有锁存功能，因此，74LS573 工作于直通状态，只起驱动作用。

电路的连接方式为：P0 口、P2 口的 8 位分别与两个 74LS573(8 位锁存器)输入端相连，74LS573 的输出分别与点阵的列线相连。P1 口的低 4 位与 74LS154(4-16 译码器)相连，74LS154 的 16 位输出与点阵的行线相连。

需要说明的是：

(1) 显示屏和单片机并行口的接法是可以由用户自行安排的，图 3.58 是与下面提供的程

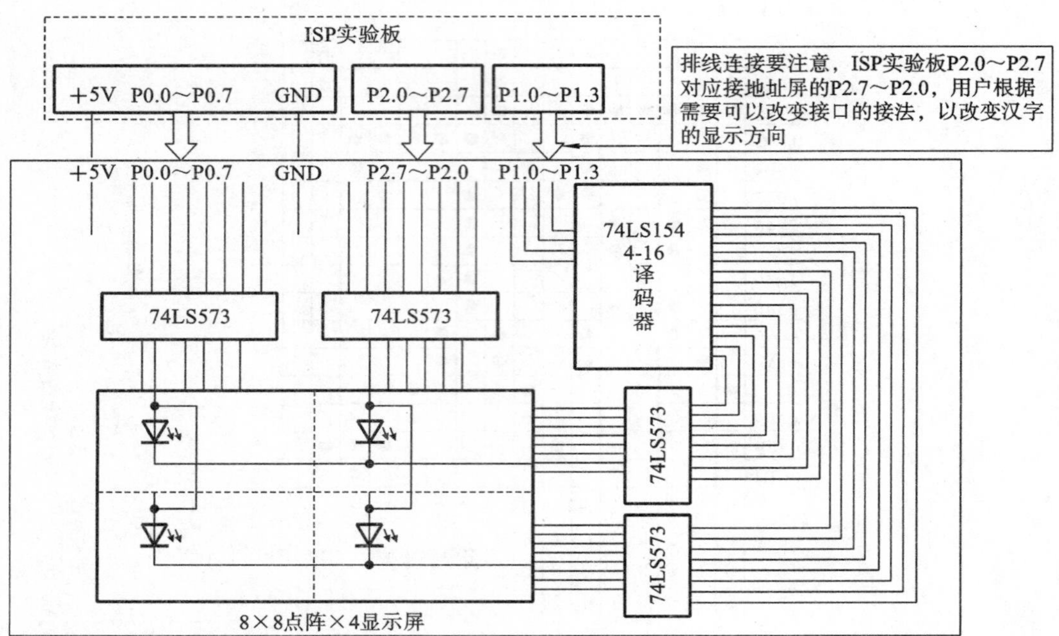

图 3.58 单片机显示系统硬件电路框图

序相配套的；

(2) 如果平时不用显示屏，显示屏不接到 ISP 实验板上。显示板是附加板，是可选配的。

2. 应用内容

1) 设计及要求

设计：在广告屏上显示“欢迎光临”字样。

要求：按竖向扫描码，顺序输出扫描码应为 20 08 2C 10 23 60……

2) 解析

利用实验板提供的汉字字模提取软件在电子显示屏上显示的内容。另外，用户可以设计不同的显示风格，可以用横向扫描显示或纵向扫描显示，或跑马显示，或和 PC 串行通信，由 PC 输入汉字即刻进行显示。

3) 参考程序

在广告屏上显示“欢迎光临”字样，其参考程序如下。

```
#include<reg51.h>
unsigned inti,j,z;
/*字模欢迎光临*/
unsigned char code tab0[ ]={0x00,0x80,0x00,0xS0,0xfc,0x80,0x04,0xfc,
                            0x45,0x04,0x46,0x48,0x28,0x40,0x28,0x40
                            0x40,0x24,0x10,0x40,0x28,0xA0,0x44,0xA0,
                            0x81,0x10,0x01,0x08,0x02,0x0e,0x0c,0x04,
                            0x00,0x00,0x41,0x84,0x26,0x7e,0xl4,0x44,
```

```
                              0x04,0x44,0x04,0x44,0xF4,0x44,0x14,0xe4,
                              0x15,0x44,0x16,0x54,0x14,0x48,0x10,0x40,
                              0x10,0x40,0x28,0x46,0x47,0xfe,0x00,0x00,
                              0x01,0x00,0x21,0x08,0x11,0xoe,0x09,0x10,
                              0x09,0x20,0x01,0x04,0xff,0xfe,0x04,0x40,
                              0x04,0x40,0x04,0x40,0x04,0x40,0x08,0x40,
                              0x08,0x42,0x10,0x42,0x20,0x3e,0x40,0x00,
                              0x10,0x80,0x10,0x80,0x51,0x04,0x51,0xfe,
                              0x52,0x00,0x54,0x80,0x58,0x60,0x50,0x24,
                              0x57,0xfe,0x54,0x44,0x54,0x44,0x54,0x44,
                              0x54,0x44,0x14,0x44,0x17,0xfc,0x14,0x04
                              }
delayl( )                            //延时
{ unsigned int k:
  for(k=0:k<=52;k++)
  {   TMOD=0x01;
      TH0=-(50000)/256:
      TL0=-(50000)%256;
      TR0=1;
   }
}
main( )                              /*主函数*/
{  for(;;){
    for(i=0;i<=159;){
      for(z=0;z<=100;z++){
            if((i==32)&&(z<=99))i=0;
            if((i==64)&&(z<=99))i=32;
            if((i==96)&&(z<=99))i=64;
            if((i==128)&&(z<=99))i=96;
            for(j=0;j<=15;j++){
              P1=j;                  /*送译码器,16行逐行扫描*/
              P0=tab0[i];            /*送左边字模数据*/
              P2=tab0[++i];          /*送右边字模数据*/
              delayl( );             /*延时*/
              P2=0x00;               /*清屏,消除拖尾*/
              P0=0x00;
              ++i;
            }
```

```
            }
        }
    }
}
```

3.12.4 思考题

(1) 显示屏与单片机并行口的接法是固定的吗？

(2) 单片机的并行口具有什么功能？74LS573工作于什么状态，起到什么作用？

3.13 字符型LCD显示器的设计与应用

3.13.1 字符型LCD显示器的的基本要求

(1) 了解点阵型液晶显示器的工作原理；

(2) 了解点阵型液晶显示器的控制方法及程序设计方法。

3.13.2 字符型LCD显示器的原理

LCD显示器是一种被动式的显示器，与LED不同，液晶本身并不发光，而是利用液晶的电压作用来改变光线通过方向的特性而达到显示白底黑字或黑底白字的目的。液晶显示器具有体积小、功耗低、抗干扰能力强等优点，特别适用于小型手持式设备。

常见的液晶显示器有7段式LCD显示器、点阵字符型LCD显示器和点阵图形LCD显示器。其中，点阵图形LCD显示器能支持汉字和图形曲线的显示，应用较为灵活，但是价格较为昂贵。

字符型液晶显示模块是专门用于显示字母、数字及符号等的点阵型液晶显示模块，分为4位和8位数据传输方式：提供“5×7点阵＋光标”和“5×10点阵＋光标”的显示模式；提供显示数据寄存器DDRAM、字符发生器CGROM和字符发生器CGRAM，可以使用CGRAM来存储自己定义的最多8个5×8点阵的图形字符的字模数据；提供丰富的指令设置；提供清除显示、光标回原点、显示开/关、光标开/关、显示字符闪烁、光标移位、显示移位等；提供内部上电自动复位电路，当外加电源电压超过＋4.5 V时，自动对模块进行初始化操作，将模块设置为默认的显示工作状态。

字符型液晶显示模块组件内部主要由LCD显示器、控制器(Controller)、驱动器(Driver)、少量阻容元件、结构件等构成，装配在PCB上并常用控制驱动器HD44780及其兼容控制器，如图3.59所示。

1. 液晶模块的接口信号及工作时序

液晶模块的接口信号如表3.19所示。

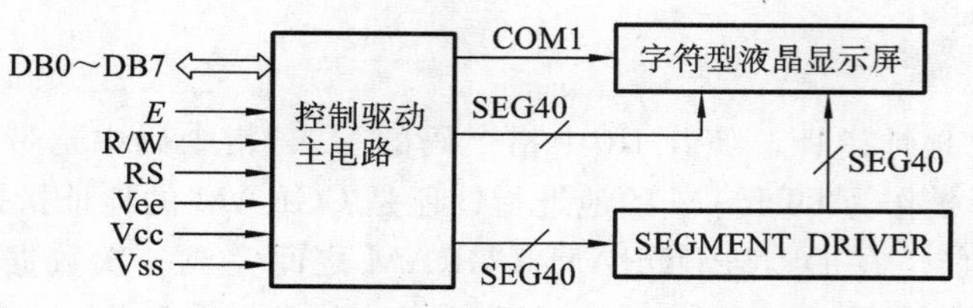

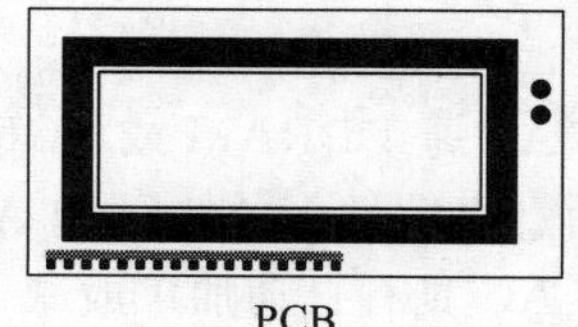

图 3.59　字符型液晶显示模块及 PCB

表 3.19　液晶模块的接口信号

引　脚	符　号	说　明
1	Vss	地信号(0 V)(电源地)
2	Vdd	电源信号(5 V)(+5 V 逻辑电源)
3	VO	液晶驱动电源,也有资料介绍用 Vee 表示
4	RS	数据/指令寄存器选择。RS=0 时为指令寄存器,RS=1 时为数据寄存器
5	R/W	读/写信号选择。R/W=1 时为读信号,R/W=0 时为写信号
6	*E*	使能信号。读状态时高电平有效,写状态时下降沿有效
7～14	DB0～DB7	数据总线(为 8 位双向数据线)
15	A	LED 背光阳极(+5 V)
16	K	LED 背光阴极

引脚进一步说明如下。

VO 为液晶显示器对比度调整端,接正电源时对比度最弱,接地电源时对比度最强,对比度强时会产生“鬼影”,使用时可以通过一个 10 kΩ 的电位器来调整对比度。

E 端为使能端。当 *E* 端由高电平跳变成低电平时,液晶模块执行命令。

15、16 两引脚用于带背光模块,用于不带背光的模块时这两个引脚悬空。

控制信号线 *E*、RS 和 R/W 的组合功能如表 3.20 所示。

表 3.20　控制信号线 *E*、RS 和 R/W 的组合功能

E	RS	R/W	功　能
1	0	0	将 DB0～DB7 的指令代码写入指令寄存器中
1→0	0	1	分别将忙标志位(BF)和地址指针(AC)内部读到 DB7 和 DB0～DB6
1	1	0	将 DB0～DB7 的数据写入数据寄存器,模块的内部操作自动将数据写入 DDRAM 或 CGRAM
1→0	1	1	将数据寄存器内的数据读到 DB0～DB7,模块的内部操作自动将 DDRAM 或 CGRAM 的数据读入数据寄存器

1）忙标志位(BF)

当 BF=1 时,表明模块正在进行内部操作,此时不接收任何外部指令和数据。当 RS=0,R/W=1 且 *E* 为高电平时,BF 输出到 DB7。每次操作之前最好先进行状态字检测,只有在确认 BF=0 之后,MPU 才能访问模块。

2) 地址指针(AC)

AC 是 DDRAM 或 CGRAM 的地址指针。随着 IR 中指令码的写入,指令码中携带的地址信息自动送入 AC,并使 AC 选择是作为 DDRAM 的地址指针还是 CGRAM 的地址指针。

AC 具有自动加 1 或减 1 的功能。在 DR 与 DDRAM、CGRAM 之间完成一次数据传送后,AC 自动会加 1 或减 1。当 RS=0、R/W=1 且 *E* 为高电平时,AC 的内容送到 DB0～DB6。

地址指针(AC)如图 3.60 所示。

AC高3位			AC低4位			
AC6	AC5	AC4	AC3	AC2	AC1	AC0

图 3.60 地址指针(AC)

3) 显示数据寄存器(DDRAM)

DDRAM 存储显示字符的字符码,其容量的大小决定模块最多可显示的字符数目。控制器内部有 80 字节的 DDRAM 缓冲区,DDRAM 地址与 LCD 显示器上的显示位置的对应关系如图 3.61 所示。

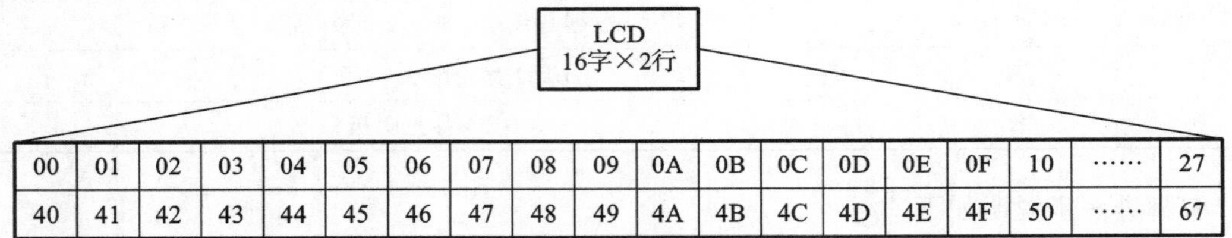

图 3.61 DDRAM 地址与 LCD 显示器上的显示位置的对应关系

4) 字符发生器 ROM

在 CGROM 中,模块以 8 位二进制数的形式,生成了 5×8 点阵的字符字模组(一个字符对应一组字模)。字符字模是与显示字符点阵相对应的 8×8 矩阵位图数据(与点阵行相对应的矩阵行的高 3 位为"0"),同时每个字符字模组都有一个由其在 CGROM 中存放地址的高 8 位数据组成的字符码对应。

字符码地址范围为 00H～FFH,其中 00H～07H 字符码与用户在 CGRAM 中生成的自定义图形字符的字模组相对应。

5) 字符发生器 RAM

在 CGRAM 中,用户可以生成自定义图形字符的字模组,可以生成 8 个 5×8 点阵的字符字模组,相对应的字符码从 CGRAM 的 00H～FFH 范围内选择。

总线操作时序参数表如表 3.21 所示。

表 3.21 总线操作时序参数表

项　目	符　号	最 小 值	典 型 值	最 大 值	单　位
使能周期时间	Tcyce	400	—	—	ns
使能脉冲宽度(高电平)	Pweh	150	—	—	ns

续表

项目	符号	最小值	典型值	最大值	单位
使能上升/下降时间	Ter/Tef	—	—	25	ns
地址设置时间	Tas	30	—	—	ns
地址保持时间	Tah	10	—	—	ns
数据设置时间	Tdsw	40	—	—	ns
数据保持时间	Th	10	—	—	ns

2. 字符型液晶显示模块的软件特征

字符型液晶显示模块的软件特征就是HD44780的软件特性，HD44780有8条指令，指令格式非常简单。指令一览表如表3.22所示。

表3.22 指令一览表

指令名称	控制信号		控制代码							
	RS	R/W	D7	D6	D5	D4	D3	D2	D1	D0
清屏	0	0	0	0	0	0	0	0	0	1
归HOME位	0	0	0	0	0	0	0	0	1	*
输入方式设置	0	0	0	0	0	0	0	1	I/D	S
显示状态设置	0	0	0	0	0	0	1	D	C	B
光标或画面滚动	0	0	0	0	0	1	S/C	R/L	*	*
工作方式设置	0	0	0	0	1	DL	N	F	*	*
CGRAM地址设置	0	0	0	1	A5	A4	A3	A2	A1	A0
DDRAM地址设置	0	0	1	A6	A5	A4	A3	A2	A1	A0
读BF和AC值	0	1	BF	AC6	AC5	AC4	AC3	AC2	AC1	AC0
写数据	1	0	数据							
读数据	1	1	数据							

注意："*"表示任意值，在实际应用中一般认为是"0"。

指令详细解释如下。

1）清屏（Clear Display）

格式：

0	0	0	0	0	0	0	1

代码：0x01

该指令将空码（20H）写入DDRAM的全部80个单元内，将地址指针（AC）清零，光标或闪烁归HOME位，设置输入方式参数I/D=1，即地址指针AC为自动加一输入方式。

该指令多用于上电或更新全屏显示内容。在使用该指令前要确认DDRAM的当前内容是否有用。

2）归 HOME 位

格式：

0	0	0	0	0	0	1	0

代码：0x02

该指令对地址指针(AC)清零。执行该指令的效果有：光标或闪烁位返回到显示器的左上第一个字符位上，即 DDRAM 地址 0x00 单元位置，这是因为光标和闪烁位都是以地址指针(AC)当前值定位的。如果画面已滚动，则撤销滚动效果，将画面拉回到 HOME 位。

3）输入方式设置(Enter Mode Set)

格式：

0	0	0	0	0	1	I/D	S

代码：0x04～0x07

该指令的功能在于设置了显示字符的输入方式，即在计算机读/写 DDRAM 或 CGRAM 后，地址指针(AC)的修改方式反映在显示效果上，在写入一个字符后，画面或光标移动。该指令的两个参数位 I/D 和 S 确定了字符的输入方式。

I/D 表示在计算机读/写 DDRAM 或 CGRAM 的数据后，地址指针(AC)的修改方式，由于光标位置也是由 AC 值确定，所以也是光标移动的方式。

I/D=0：AC 为减一计数器，光标左移一个字符位。

I/D=1：AC 为加一计数器，光标右移一个字符位。

S 表示在写入字符时，是否允许显示画面的滚动。

S=0：禁止滚动。

S=1：允许滚动。

S=1 且 I/D=0：显示画面向右滚动一个字符。

S=1 且 I/D=1：显示画面向左滚动一个字符。

综上所述，该指令可以实现四种字符的输入方式，如表 3.23 所示。

表 3.23 四种字符的输入方式

指令代码	状态位	示例	功能
04H	I/D=S=0	t⁻ ⁻left _	画面不动，光标左移
05H	I/D=0，S=1	t⁻ ⁻Shift _	画面向右滚动
06H	I/D=1，S=0	R⁻ ⁻Right _	画面不动，光标右移
07H	I/D=S=1	S⁻ ⁻Shift _	画面向左滚动

注意："⁻"为光标符号。

注意画面滚动方式在计算机读 DDRAM 数据时，或在读/写 CGRAM 时无效，也就是说该指令主要应用在计算机写入 DDRAM 数据的操作，所以称该指令为输入方式设置指令。需要说明在计算机读 DDRAM 数据或在读/写 CGRAM 数据时，建议将 S 置零。

4）显示状态设置(Display on/off Control)

格式：

0	0	0	0	1	D	C	B

代码：0x08～0x0f

该指令控制画面、光标及闪烁的开与关。该指令有三个状态位 D、C、B，这三个状态位分别控制画面、光标和闪烁的显示状态。

D：画面显示状态位。D=1 时为开显示，D=0 时为关显示。这里的关显示仅是画面不出现，而 DDRAM 内容不变。这与清屏指令截然不同。

C：光标显示状态位。C=1 时为光标显示，C=0 时为光标消失。光标为底线形式(5×1 点阵)，出现在第 8 行或第 11 行上。光标的位置由地址指针(AC)确定，并随其变动而移动。当 AC 值超出了画面的显示范围，光标将随之消失。

B：闪烁显示状态位。B=1 时为闪烁启用，B=0 时为闪烁禁止。闪烁是指一个字符位交替进行正常显示态和全亮显示态。闪烁频率在控制器工作频率为 250 kHz 时为 2.4 Hz。闪烁位置同光标一样受地址指针(AC)的控制。

闪烁出现在有字符或光标显示的字符位时，正常显示态为当前字符或光标的显示；全亮显示态为该字符位所有点全显示。若出现在无字符或光标显示的字符位时，正常显示态为无显示，全亮显示态为该字符位所有点全显示。这种闪烁方式可以设计成块光标，如同计算机 CRT 上块状光标闪烁提示符的效果。

该指令代码表，如表 3.24 所示。

表 3.24　显示状态设置指令代码表

指令代码	状态位			功能
	D	C	B	
0x08～0x0B	0	*	*	关显示
0x0C	1	0	0	显示画面
0x0D	1	0	1	显示画面、闪烁
0x0E	1	1	0	显示画面、光标
0x0F	1	1	1	显示画面、光标、闪烁

5）光标或画面滚动(Cursor or Display Shift)

格式：

0	0	0	1	S/C	R/L	0	0

执行该指令将产生画面或光标向左或向右滚动一个字符位。如果定时间隔地执行该指令将产生画面或光标的平滑滚动。画面的滚动是在一行内连续循环进行的。也就是说，一行的第一个单元与最后一个单元连接起来，形成了闭环式的滚动。

该指令有两个参数位。

S/C:滚动对象选择位。S/C=1 时画面滚动,S/C=0 时光标滚动。

R/L:滚动方向选择位。R/L=1 时向右滚动,R/L=0 时向左滚动。

该指令代码表如表 3.25 所示。

表 3.25 光标或画面滚动指令代码表

指令代码	状态位		功能
	S/C	R/L	
10H	0	0	光标左滚动
14H	0	1	光标右滚动
18H	1	0	画面左滚动
1CH	1	1	画面右滚动

该指令与输入方式设置指令一样,都可以产生光标或画面的滚动,区别在于该指令专用于滚动功能,执行一次,显示呈现一次滚动效果;而输入方式设置指令仅是完成了一种字符输入方式的设置,仅在计算机对 DDRAM 等进行操作时才能产生滚动的效果。

6) 工作方式设置(Function Set)

格式:

0	0	1	DL	N	F	0	0

该指令设置了控制器的工作方式,包括有控制器与计算机的接口形式和控制器显示驱动的占空比系数等。该指令有三个参数:DL、N 和 F。它们的作用如下。

DL:设置控制器与计算机的接口形式。接口形式体现在数据总线长度上。当 DL=1 时,设置数据总线为 8 位长度,即 DB7～DB0 有效;当 DL=0 时,设置数据总线为 4 位长度,即 DB7～DB4 有效。该方式下 8 位指令代码和数据将按先高 4 位后低 4 位的顺序分两次传输。

N:设置显示字符行数。N=0 为一行字符行;N=1 为两行字符行。

F:设置显示字符的字体。F=0 为 5×7 点阵字符体;F=1 为 5×10 点阵字符体。

N 和 F 的组合设置了控制器的确定占空比系数,如表 3.26 所示。

表 3.26 控制器的确定占空比系数

N	F	字符行数	字符体形式	占空比系数	备注
0	0	1	5×7	1/8	
0	1	1	5×10	1/11	
1	0	2	5×7	1/16	仅 5×7 字体

该指令可以说是字符型液晶显示控制器的初始化设置指令,也是唯一的软件复位指令。HD44780U 虽然具有复位电路,但为了可靠的工作,HD44780U 要求计算机在操作 HD44780U 时首先对其进行软件复位。也就是说,在控制字符型液晶显示模块工作时首先要进行软件复位。

7) CGRAM 地址设置(Set CGRAM Address)

格式：

0	1	A5	A4	A3	A2	A1	A0

该指令将 6 位的 CGRAM 地址写入地址指针(AC)内，随后计算机对数据的操作就是对 CGRAM 的读/写操作。

8) DDRAM 地址设置(Set DDRAM Address)

格式：

1	A6	A5	A4	A3	A2	A1	A0

该指令将 7 位的 DDRAM 地址写入地址指针(AC)内，随后计算机对数据的操作是对 DDRAM 的读/写操作。

9) 读 BF 和 AC 值(Read Busy Flag and Address)

格式：

BF	AC6	AC5	AC4	AC3	AC2	AC1	AC0

计算机对指令寄存器进行通道读操作(RS=0,R/W=1)时，将读出此格式的 BF 值和 7 位 AC 的当前值。计算机随时都可以对 HD44780U 进行读“忙”操作。

BF 值反映 HD44780U 的接口状态。计算机在对 HD44780U 进行每次操作时首先都要读 BF 值判断 HD44780U 的当前接口状态，仅在 BF=0 时计算机才可以向 HD44780U 写指令代码或显示数据，以及从 HD44780U 读出显示数据。

计算机读出的地址指针(AC)的当前值可能是 DDRAM 地址也可能是 CGRAM 的地址，这取决于最近一次计算机向 AC 写入的是哪类地址。

10) 写数据(Write Data to CG or DDRAM)

格式：

R/W	D/I	DB7	DB6	DB5	DB4	DB3	DB2	DB1	DB0
0	1	写数据							

计算机向数据寄存器通道写入数据，HD44780U 根据当前地址指针(AC)值的属性及数值将该数据送入相应的存储器内 AC 所指的单元。如果 AC 值为 DDRAM 地址指针，则认为写入的数据为字符代码并送入 DDRAM 内 AC 所指的单元；如果 AC 值为 CGRAM 地址指针，则认为写入的数据是自定义的字模数据并送入 CGRAM 内 AC 所指的单元。所以计算机在写数据操作之前要先设置地址指针或人为地确认地址指针的属性及数值。

11) 读数据(Read Data from CG or DDRAM)

格式：

R/W	D/I	DB7	DB6	DB5	DB4	DB3	DB2	DB1	DB0
1	1	读显示数据							

在 HD44780U 内部运行时序的操作下，地址指针(AC)的每一次修改，包括新的 AC 值的写入，光标滚动位移所引起的 AC 值的修改或由计算机读/写数据操作后所产生的 AC 值的修改，HD44780U 都会把当前 AC 所指单元的内容送到接口的数据输出寄存器，供计算机读取。

如果 AC 值为 DDRAM 地址指针，则认为接口部的数据输出寄存器的数据为 DDRAM 内 AC 所指单元的字符代码；如果 AC 值为 CGRAM 地址指针，则认为数据输出寄存器的数据为 CGRAM 内 AC 所指单元的自定义字符的字模数据。

计算机的读数据是从数据寄存器通道中数据输出寄存器读取当前所存放的数据。所以计算机在首次读数据操作之前需要重新设定一次地址指针(AC)值，或用光标滚动指令将地址指针(AC)值修改到所需的地址上，然后进行的读数据操作才能获得所需的数据。在读取数据后地址指针(AC)将根据最近设置的输入方式进行自动修改。

3.13.3 字符型 LCD 显示的应用编程

1. 应用电路

LCD 液晶显示单元原理图如图 3.62 所示。

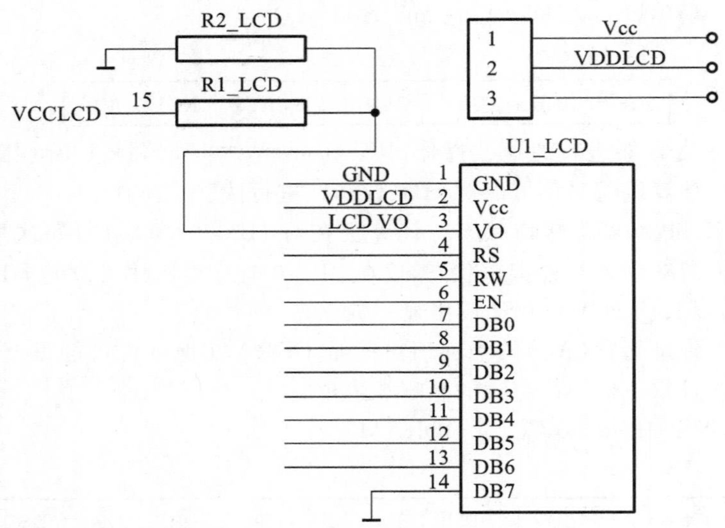

图 3.62 液晶显示单元原理图

2. 应用内容

1) 设计及要求

设计：在液晶显示器第一行上显示“Wenhua xue yuan.”，在液晶显示器第二行上显示字符串“www. wenhua. com.”，并循环动态显示字符串。

要求：运行程序，观察液晶显示器的显示结果。

2) 解析

一般情况下，内部 RAM 的数据传送的功能使用最为频繁，因此，RAM 中的地址指针所具备的自动加一或减一功能，在一定程度上减轻了 MPU 的编程负担。此外，由于数据移位指令与写数据可同时进行，这样用户就能以最少的系统开发时间，达到最高的编程效率。

有一点需要特别注意：在每次访问模块之前，MPU 应首先检测忙标志位(BF)，确认 BF=0 后，访问过程才能进行。

3) 参考程序

以 8 位总线模式为例，软件复位流程图如图 3.63 所示。8 位数据总线操作流程图如图

3.64所示。

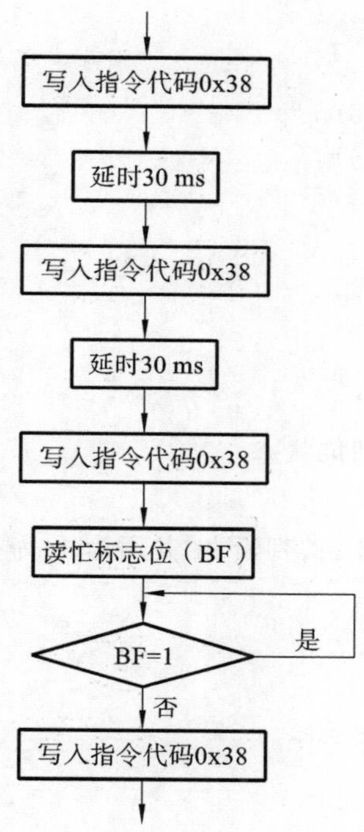

图 3.63　软件复位流程图

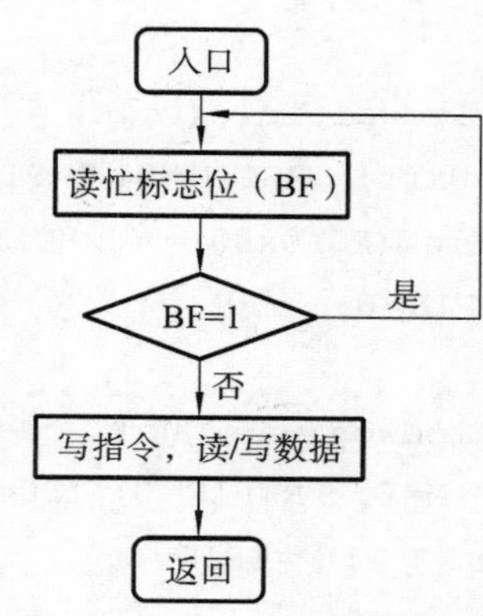

图 3.64　8 位数据总线操作流程图

接线图如图 3.65 所示。

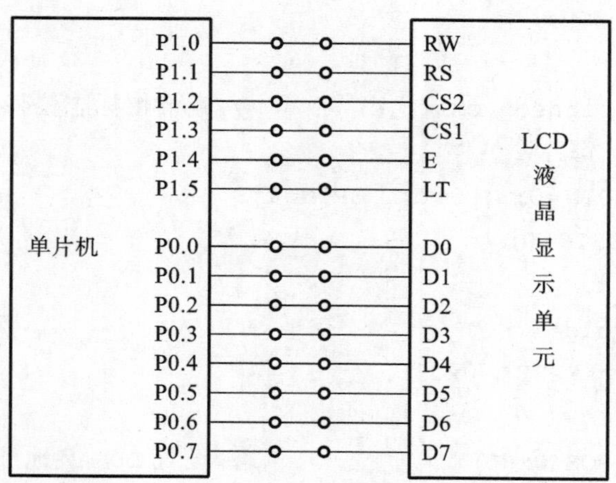

图 3.65　液晶实验接线图

参考程序如下。

```
#include<reg51.h>
#include<intrins.h>
sbit  RSPIN=P1^5;                    //引脚定义
```

```
sbit  RWPIN=P1^6;
sbit  EPIN=P1^7;
unsigned  char  XP0S,YPOS;
unsigned  char  DisTab1[ ]="Wen hua xue  yuan.";
unsigned  char  DisTab2[ ]="www.wenhua.com.";
void  delay(unsigned   int  t)
{  unsigned  int  i,j;
   for(i=0;i<t;i++)
     for(j=0;j<10;j++);
}
void  lcdwaitidle(void)                        //判别忙状态
{  P0=0xff;  RSPIN=0; RWPIN=1;
   while((P0&0x80)==0x80);        //读取忙标志 BF,判断 BF 是否为 1,为 1 则等待
     EPIN=0;
}
void  lcdwcn(unsigned  char  c)
{  RSPIN=0;  RWPIN=0;  P0=c;  EPIN=1; //写指令 c
   _nop_( );   EPIN=0;
}
void  lcdwc(unsigned  char  c)          //查询忙标志位,然后写指令 c
{ lcdwaitidle( );
  lcdwcn(c);
}
void  lcdwcd(unsigned  char  c)         //查询忙标志位,然后写数据 c
{  lcdwaitidle( );
   RSPIN=1;  RWPIN=0;  P0=d;  EPIN=1;
   _nop_( );   EPIN=0;
}
void  lcdpos((void)
{  XPOS&=0x3f;   YPOS&=0x03;
   if(YPOS==0x00)
        lcdwc(XPOS|0x80);                      //设置 DDRAM 地址(第 1 行)
   else  if(YPOS==0x01)
         lcdwc((XPOS+0x40)|0x80);      //设置 DDRAM 地址(第 2 行)
}
void  lcdinit((void)                           //初始化 LCD
{    delay(150);  lcdwcn(0x38);         //总线 8 位,两行显示,5×7 点阵字符体
     delay(50);  lcdwcn(0x38);
```

```
      delay(50);   lcdwcn(0x38);
      lcdwc(0x38);
      lcdwc(0x08);                                   //关闭显示,光标消失,闪烁禁止
      lcdwc(0x01);                                   //清屏
      lcdwc(0x06);                                   //AC 加 1 计数,禁止滚动
      lcdwc(0x0e);                                   //开显示
   }
void  display(void)                                  //显示子程序
{
    for(XPOS=0;XPOS<16;XPOS++)
    {   YPOS=0;lcdpos( );  lcdwd(DisTab1[XPOS]);
        YPOS=1;lcdpos( );  lcdwd(DisTab2[XPOS]);
        delay(2000);
    }
    for(XPOS=16;XPOS<30;XPOS++)
    {   lcdwc(0x18);                                 //滚屏
        YPOS=0;lcdpos( );  lcdwd(DisTab1[XPOS]);
        YPOS=1;lcdpos( );  lcdwd(DisTab2[XPOS]);
        delay(2000);
    }
}
void  main(void)
{   EPIN=0;
    lcdinit( );
    while(1)
    {  lcdwc(0x01);
       lcdwc(0x02);
       Display( );
       delay(5000);
    }
}
```

3.13.4　思考题

(1) LCD 显示器是一种什么样的显示器？与 LED 相比有何不同？

(2) 常见的液晶显示器有几种？有什么特点？

(3) 能否像 PC 那样，在内存中建立一个显示缓冲区，通过修改缓冲区达到修改显示器内容的目的？这样的缓冲区需要几个字节？这样做有什么优点？

第 4 章 综合设计性应用

单片机在控制方面也有广泛的应用，下面通过三个实例介绍单片机在控制系统中的应用。

4.1 直流电动机 PWM 调速控制与应用

4.1.1 直流电动机 PWM 调速控制的基本要求

(1) 学习用 PWM 输出模拟量驱动直流电动机；

(2) 熟悉直流电动机的工作特性；

(3) 了解单片机控制直流电动机的方法，并掌握脉宽调制直流调速的方法。

4.1.2 直流电动机 PWM 调速原理

PWM 是单片机上常用的模拟量输出方法，用占空比不同的脉冲驱动直流电动机转动，从而得到不同的转速。程序中通过调整输出脉冲的占空比来调节直流电动机的转速。

直流电动机 PWM 调速原理如下。

PWM 控制是利用微处理器的数字输出来对模拟电路进行控制的一种非常有效的技术，也是一种对模拟信号电平进行数字编码的方法。通过对高分辨率计数器的使用，方波的占空比被调制用来对一个具体模拟信号的电平进行编码。PWM 信号仍然是数字信号，因为在给定的任何时刻，满幅值的直流供电要么完全有，要么完全无。电压或电流源是以一种通或断的重复脉冲序列被加到模拟负载上去的，通时即是直流供电被加到负载上的时候，断时即是供电被断开的时候。只要带宽足够，任何模拟值都可以使用 PWM 进行编码。

采样控制理论中有一个重要结论：冲量相等而形状不同的窄脉冲加在具有惯性的环节上时，其效果基本相同。PWM 控制技术就是以该结论为理论基础，对半导体开关元器件的导通和关断进行控制，使输出端得到一系列幅值相等而宽度不相等的脉冲，用这些脉冲来代替正弦波或其他所需要的波形。按一定的规则对各脉冲的宽度进行调制，既可改变逆变电路输出电压的大小，也可改变输出频率。

一般情况下，调节脉宽调制信号的脉宽有两种方法：一种是采用模拟电路中的调制方法；一种是使用脉冲计数法。

对于一般电动机控制，采用第一种方法在控制电压变化时滤波的实现存在较大困难，这主要是因为滤波频率较低、滤波精度要求高和滤波电路的参数不易调整。因此，采用第二种方法，由单片机控制实现的脉冲计数法。可以利用 51 单片机自带的内部计数器。

直流电动机单元由 DC 12V、1.1W 的直流电动机，小磁钢，霍尔元件及输出电路构成。PWM 脉冲示意图如图 4.1 所示。通过调节 T_1 的脉冲宽度，可以改变 T_1 的占空比，从而改变输出，达到改变直流电动机转速的目的。

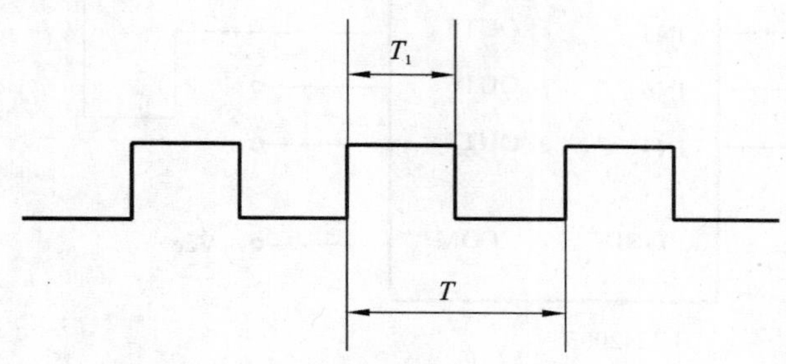

图 4.1　PWM 脉冲示意图

$$T = \text{T\_value} \times \text{Tosc 周期}$$

$$T_1 = \text{T1\_value} \times \text{Tosc 高电平周期}$$

式中：Tosc 周期为定时器 T0 定时周期。

4.1.3　直流电动机 PWM 调速的应用编程

1. 应用电路

通过单片机的 P3.7 口模拟 PWM 输出，经过驱动电路驱动直流电动机，实现脉宽调速。将单片机中的 P3.7 直接与驱动电路的 N 端连接，驱动单元的输出 N′连接直流电动机单元的 2 端，驱动电路的＋12 V 与直流电动机的 1 端相连，另外，将单片机的 P3.4 连接直流电动机的 HR。利用开关 $K_0 \sim K_3$ 进行调速，PWM 输出模拟量驱动直流电动机电路图如图 4.2 所示。

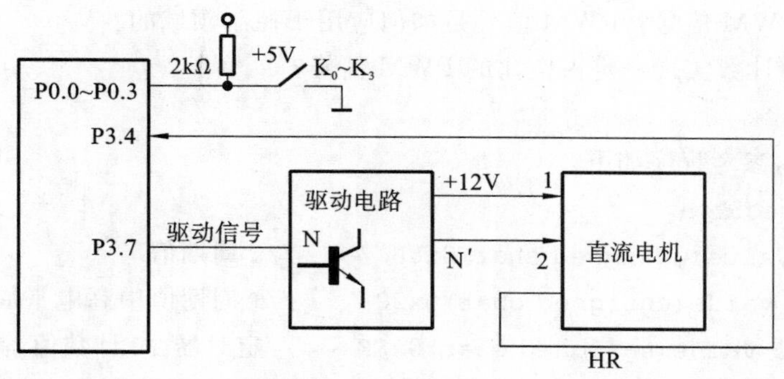

图 4.2　PWM 输出模拟量驱动直流电动机电路图

用到单片机最小应用系统模块、8 位动态数码管显示模块、7279 阵列式键盘模块、直流电动机模块。直流电动机转速测量与控制电路原理图如图 4.3 所示。

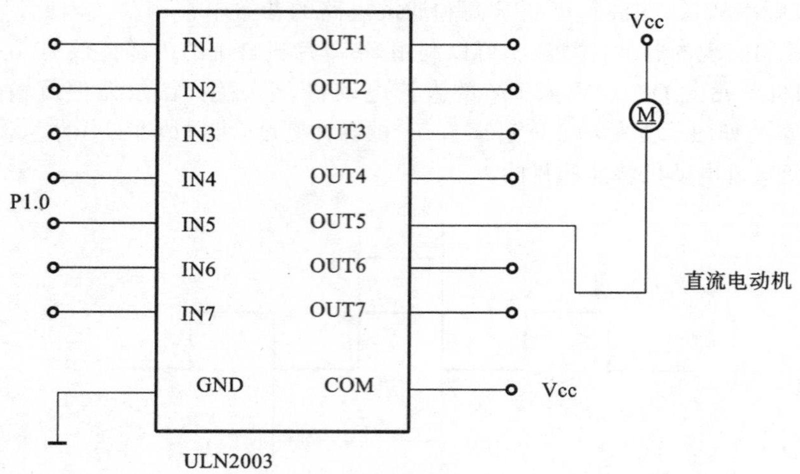

图 4.3　直流电动机控制电路

2. 应用内容

1）设计与要求

设计如下。

(1) 复位并停止调试，改变 T1_value 的值，重新编译、链接后运行程序，观察实验现象，也可以通过改变定时器时间来改变时间脉宽，观察实验现象。

(2) 使用＋12 V 直流电动机，运行速度为 30 转/秒，经过若干秒后，直流电动机以设定的速度运行。

要求：对设计(2)的直流电动机顺时针旋转，数码管第 3 位显示 P，最后两位显示电动机转速，观察直流电动机的转速，直流电动机转速以程序设定的速度运行。

2）解析

通过实践，着重把握以下几点：

(1) 什么是 PWM 信号？PWM 信号是如何应用于控制领域的？

(2) 如何通过计数实现一定占空比的 PWM 信号？

3）参考程序

根据设计(1)，参考程序如下。

```
#include<reg51.h>
#define T_value(unsigned char)0x80          //T 周期值
#define T1_value(unsigned char)0x20         //T 周期值中高电平周期 T1 值
#define TH0_value(unsigned char)0xFE        //定时器 T0 计数值(高)
#define TL0_value(unsigned char)0x00        //定时器 T0 计数值(低)
sbit  DRV=P3^7;
unsigned char T_count;                      //定时次数
void init_tim0( )                           //定时器 T0 初始化
{   TMOD=0x01;  TH0=TH0_value;TL0=TL0_value;
```

```
    TR0=1;  ET0=1;  EA=1;                    //定时器 T0 定时基数=0xFE00
}
void int_tim0( ) interrupt 1
{   TH0=TH0_value;
    TL0=TL0_value;
    T_count--;
}                                           //定时次数-1
void main( )
{       unsigned char Tx;  DRV=0;           //P3.7=0
        init_tim0( );
        T_count=T1_value;                   //定时次数-高电平周期 T1
        Tx=T1_value;                        //Tx-高电平周期 T1(暂存)
        while(1)                            //等待定时器满
        {   if(T_count==0)                  //定时次数-1≠0 循环等待
            {     DRV=~DRV;                 //定时次数-1=0 P3.7 取反
                  Tx=T_value-Tx;            //T 周期值-高电平周期=低电平周期
                  T_count=Tx;               //定时次数-低电平周期
            }
        }
}
```

根据设计(2),直流电动机转速测量与控制实验程序流程图如图 4.4 所示。

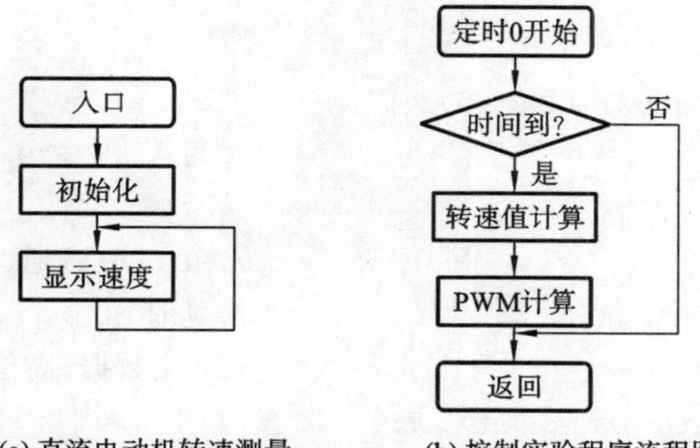

(a) 直流电动机转速测量　　(b) 控制实验程序流程图

图 4.4　直流电动机转速测量与控制实验程序流程图

参考程序如下。

```
#include<reg51.h>
#include"intrins.h"
#include"math.h"
#define  uchar  undigend  char
#define uint  undigend  int
```

```
sbit  Hd7279_Key=P0^3;                    //定义 HD7279 中断硬件连接
sbit  Hd7279_Clk=P0^6;                    //定义 HD7279 时钟硬件连接
sbit  Hd7279_Data=P0^7;                   //定义 HD7279 数据硬件连接
sbit  Hd7279_cs=P1^7;                     //定义 HD7279 使能端
sbit  CONTROL=P1^0;                       //电动机控制端口
sbit  PulseOUT=P3^2;                      //转速测试端口
uchar  Count_Time=5;                      //定时次数,50 ms 定时
uchar  Count_Pulse=0;                     //测速脉冲计数
uchar  Speed=30;                          //设定电动机转速
uint  PWM_H=100;                          //PWM 输出高电平时间设定
uint  PWM_L=900;                          //PWM 输出低电平时间设定
uchar  Dsip[2];                           //速度显示数据
void delay_us(uchar i)
{                                    //(2i+4)us 延时,i=1~255,最大延时 514 us
    while(--i);
}
convert_Speed(uchae  temp_d)
{                                         //速度数据处理,分出十位和个位
   Dsip[1]=temp_d/10;
   Dsip[0]=temp_d%10;
   return  0;
}
void  Send_Byte(uchar  Data_Out)
{                                         //写入 HD7279 一字节
   uchar  i;
   Hd7279_cs=0;                           //HD7279 选通
   delay_us(25);                          //延时 50 us
   for(i=0;i<8;i++)                       //8 位数据,高位在前
   {    Hd7279_Data=Data_Out>>7;
        Hd7279_Clk=1;                     //时钟 CLK 控制
        delay_us(12);
        Hd7279_Clk=0;
        delay_us(12);
        Data_Out=Data_Out<<1;
   }
   Hd7279_Data=0;
}
```

```
void  Write_Hd7279(uchar  Command,uchar  Data)
{                                          //HD7279 写带数据指令
   Send_Byte(Command);
   Send_Byte(Data);
   Hd7279_cs=1;
}
void  Hd7279_Init(void)
{                                          //Hd7279 初始化
   CONTROL=0;                              //电动机停止
   Send_Byte(0xa4);                        //Hd7279 复位
   Write_Hd7279(0x98,0x07);                //Hd7279 消隐控制,只显示 3 位
}
void  Hd7279_Disp(void)
{                                          //Hd7279 显示
  Write_Hd7279(0xc8,Dsip[0]);              //显示个位
  Write_Hd7279(0xc9,Dsip[1]);              //显示十位
  Write_Hd7279(0x82,0x0e);                 //显示速度标志 P
}
void time_0( ) interrupt 1 using 2
{                                          //定时器 0 中断程序
  uchar  Speed_temp,i;
  TH0=0x3c;                                //定时器初值设定 50 ms 定时
  TL0=0xB0;
  TR0=1;                                   //启动 T0
  if((--Count_Time)==0)                    //250 ms 进行一次 PWM 运算
   {  Count_Time=5;
      Speed_temp=Count_Pulse/3;                //转速计算(r/s)
      convert_Speed(Speed_temp);               //显示数据转换
      if(cabe(Speed_temp-Speed)<2) i=1;        //设置 PWM 调整步长
      else  i=20;
      if(Speed_temp>Speed)                 //转速大于设定(PWM 占空比减小)
      {
         if(PWM_L<1000)PWM_L+=i;
         if(PWM_H>1)PWM_H-=i;
      }
      if(Speed_temp<Speed)                 //转速小于设定(PWM 占空比增加)
      {
```

```
            if(PWM_L>1)PWM_L-=i;
            if(PWM_H<1000)PWM_H+=i;
        }
        Count_Pulse=0;
    }
}
void time_1( ) interrupt 3  using 2
{                                          //定时器 1 中断程序
    if(CONTROL==1)                       //PWM 输出为高电平,设置低电平定时时间
    {
        TH0=0xFF-PWM_L/256;
        TL0=0xFF-PWM_L%256;
        CONTROL=0;                         //PWM 输出低电平
    }
    else
    {
        TH0=0xFF-PWM_H/256;
        TL0=0xFF-PWM_H%256;
        CONTROL=1;                         //PWM 输出高电平
    }
    TR1=1;                                 //启动 T1
}
void int_0( ) interrupt  0  using  1
{                                          //计算测速脉冲数
    Count_Pulse++;
}
void MCU_Init(void)
{                                          //定时器、外中断初始化
    TMOD=0x11;                      //定时器工作模式设置,定时器 0、1 工作方式 1
    TH0=0x3c;                              //定时器 0 初值设定,50 ms 定时
    TL0=0xB0;
    TH0=0xFF-PWM_H/256;                    //定时器 1 初值设定
    TL0=0xFF-PWM_H%256;
    TCON=0x51;                             //外中断边沿触发,启动 T0、T1
    IE=0x8B;                               //外中断 0、T0、T1、总中断允许
    CONTROL=0;                             //PWM 输出 0
}
```

```
void  main(void)                                //主函数
{
   Hd7279_Init( );                              //HD7279 初始化
   MCU_Init( );                                 //定时器、外中断初始化
   while(1)
   {
      Hd7279_Disp( );                           //速度显示
   }
}
```

4.1.4 思考题

(1) 什么是 PWM 信号？PWM 信号是如何应用于控制领域的？

(2) 如何通过计数实现一定占空比的 PWM 信号？

(3) 如何控制直流电动机的旋转方向？试设计出对应的控制程序。

4.2 步进电动机控制与应用

4.2.1 步进电动机控制的基本要求

(1) 掌握采用单片机控制步进电动机的引荐接口技术；

(2) 掌握步进电动机驱动程序的设计与调试方法；

(3) 熟悉步进电动机的工作特性。

4.2.2 步进电动机控制原理

步进电动机接收步进控制信号，输出角位移(或线位移)，具有启停迅速、步距精确、控制方便等优点。

按照不同的分类方法，步进电动机可以分为多种类型。

(1) 按照电动机转子结构和工作原理，可将步进电动机分为磁阻式(反应式)、永磁式、混合式。

(2) 按照步进电动机的绕组相数，可将步进电动机分为两相、三相、四相、五相电动机。

(3) 按照运动方式，可将步进电动机分为旋转电动机和直线电动机。

步进电动机的运行可以用专用控制驱动芯片控制，也可采用微机控制。

步进电动机的控制，包括控制脉冲的产生和分配，可以用硬件方法实现，也可以用软件方法即单片机来实现。采用单片机控制，可以通过软件设置方法来控制步进电动机的运行步数(角度)、转速、转向和运行方式，使用起来方便灵活。

步进电动机控制的最大特点是开环控制，不需要反馈信号，因为步进电动机的运动不产生旋转量的误差积累。

步进电动机是数字控制电动机，是用脉冲信号进行控制的，它将脉冲信号转变成相应的角

位移，也称为脉冲电动机。每给步进电动机输入一个电脉冲信号，步进电动机就转动一个角度，称为步距角，其角位移量与电脉冲数成正比，其转速与电脉冲信号输入的频率成正比，通过改变频率就可以调节电动机的转速。如果步进电动机的各项绕组保持某种通电状态，则其具有自锁能力。

使用开环控制方式能对步进电动机的转动方向、速度和角度进行调节。所谓步进，就是指每给步进电动机一个递进脉冲，步进电动机各绕组的通电顺序就改变一次，即电机转动一次。根据步进电动机控制绕组的多少可以将电动机分为三相、四相和五相电动机，但其控制方式均相同，必须以脉冲电流来驱动。若每旋转一圈以 20 个励磁信号来计算，则每个励磁信号可使步进电动机前进 18°，其旋转角度与脉冲数成正比，正、反转可由脉冲顺序来控制。

步进电动机的励磁方式可分为全步励磁及半步励磁，其中全步励磁又有 1 相励磁及 2 相励磁之分，而半步励磁又称为 1-2 相励磁。图 4.6 所示的为步进电动机的控制电路，通过控制 A、B、C、D 的励磁信号，即可控制步进电动机的转动。每输出一个脉冲信号，步进电动机前进一次。因此，依序不断送出脉冲信号，即可使步进电动机连续转动。

下面分别介绍 1 相励磁法、2 相励磁法和 1-2 相励磁法。

1. 1 相励磁法

该励磁法使步进电动机在每一瞬间只有一个线圈导通。消耗电力小，精确度良好，但转矩小，振动较大，每传送一个励磁信号可使步进电动机前进 18°。若以 1 相励磁法控制步进电动机正转，其励磁顺序为 A→B→C→D→A。若励磁信号反向传送，则步进电动机反转。

2. 2 相励磁法

该励磁法使步进电动机在每一瞬间只有二个线圈导通。因其转矩大，振动小，故为目前使用最多的励磁方式，每位送一个励磁信号可使步进电动机前进 18°。若以 2 相励磁法控制步进电动机正转，其励磁顺序为 AB→BC→CD→DA→AB。若励磁信号反向传送，则步进电动机反转。

3. 1-2 相励磁法

该励磁法为 1 相与 2 相交替导通。因分辨率提高，且运转平滑，每传送一个励磁信号可使步进电动机前进 9°，故该方法被广泛采用。若以 1-2 相励磁法控制步进电动机正转，其励磁顺序为 A→AB→B→BC→C→CD→D→DA→A。若励磁信号反向传送，则步进电动机反转。

控制步进电动机的速度，如果给步进电动机发送一个控制脉冲，它就前进一步，再发送一个脉冲，它会再前进一步。两个脉冲的时间间隔越短，步进电动机就转得越快。调整单片机发出的脉冲，就可以对步进电动机进行调速。

电动机的负载转矩与速度成反比，速度越快负载转矩越小，当速度快至其极限时，步进电动机即不再运转。所以在每前进一步后，程序必须延时一段时间。

加给步进电动机 A、B、C、D 端的输入控制脉冲需要一定的电流。小功率的步进电动机可以使用 8 重达林顿反相驱动器 ULN2803 来驱动。

本实验中所使用的步进电动机为四相八拍电动机，电压为 DC 5V，其励磁线圈及其励磁顺序如图 4.5 及表 4.1 所示。

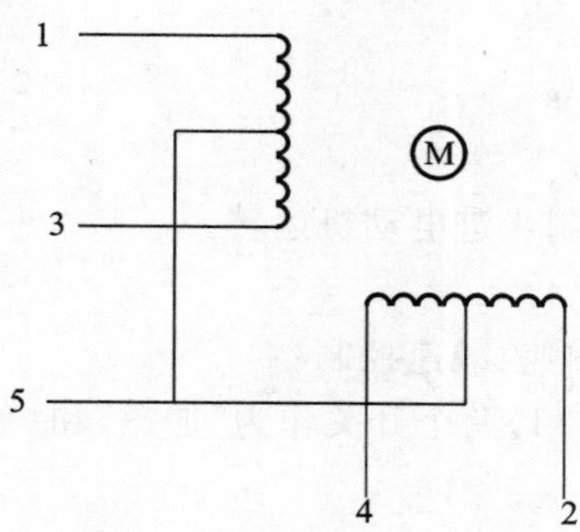

图 4.5　励磁线圈

表 4.1　励磁顺序

步　序	1	2	3	4	5	6	7	8
5	+	+	+	+	+	+	+	+
4	—	—						
3		—	—	—				
2				—	—	—		
1						—	—	—

4.2.3　步进电动机控制的应用程序

1. 应用电路

步进电动机控制实验电路原理图如图 4.6 所示。

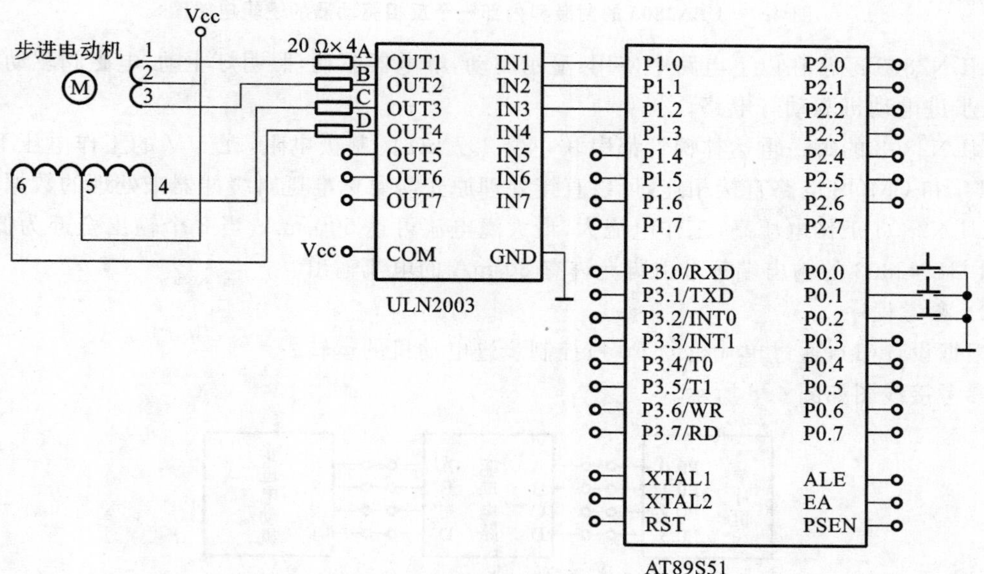

图 4.6　步进电动机控制实验电路原理图

2. 应用内容

1）设计及要求

设计如下。

（1）通过单片机的P0口控制步进电动机运转。

（2）编程实现如下功能。

①步进电动机正转、反转、加速、减速控制。

②只使用K_1(P0.0)、K_2(P0.1)两个开关作为“加速”和“减速”键，实现对步进电动机速度的连续控制。

要求：步进电动机在不使用时请断开连接，以免误操作使电动机过分发热。

2）解析

ULN2803是8重达林顿反相驱动器，图4.7所示的为ULN2803的封装和内部一个反相驱动器的逻辑电路图。

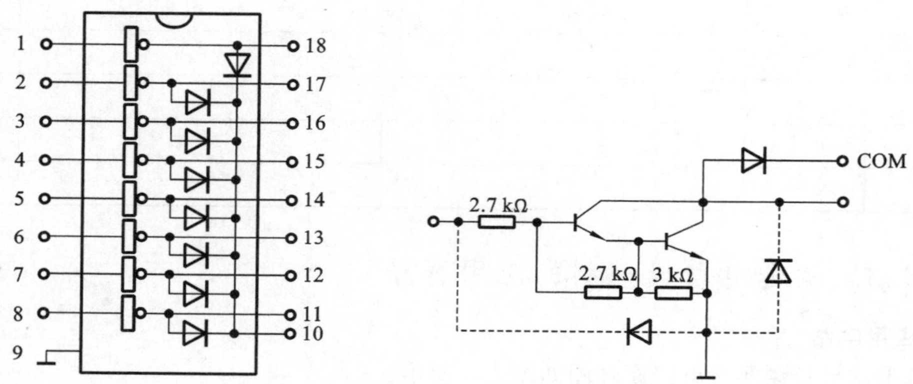

图4.7　ULN2803的封装和内部一个反相驱动器的逻辑电路图

ULN2803经常在以下电路中使用：显示驱动，继电器驱动，照明灯驱动，电磁阀驱动，磁服电机、步进电动机驱动灯电路。

ULN2803的每一重达林顿管都串联一个2.7 kΩ的基极电阻，在5 V的工作电压下它能与TTL和CMOS电路直接相连，可以直接处理原先需要标准逻辑缓冲器来处理的数据。

ULN2803工作电压高，工作电流大，最大灌电流可达500 mA，当8个输出全部为低电平时，则ULN2803的输出端每个引脚允许有80 mA的电流输出。

3）参考程序

根据设计(1)，通过单片机的P0口控制步进电动机的运转。

参考接线图如图4.8所示。

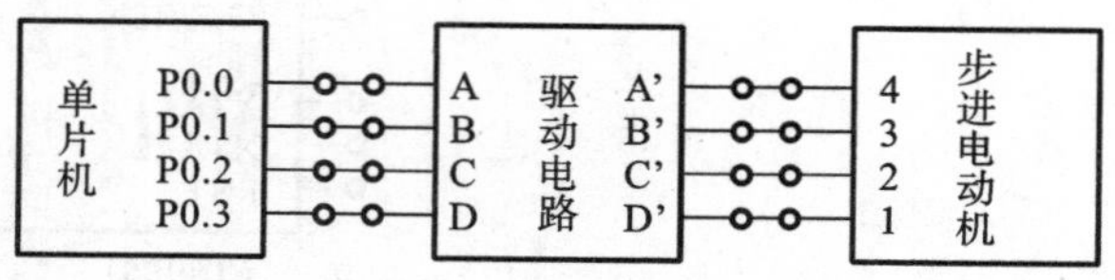

图4.8　步进电动机应用参考接线图

应用中 P0 端口各线的电平在各步序中的情况如表 4.2 所示。

表 4.2　P0 端口各线的电平在个各步序中的情况

步　序	P0.3	P0.2	P0.1	P0.0	P0 口输出值
1	1	1	1	0	0x0E
2	1	1	0	0	0x0C
3	1	1	0	1	0x0D
4	1	0	0	1	0x09
5	1	0	1	1	0x0B
6	0	0	1	1	0x03
7	0	1	1	1	0x07
8	0	1	1	0	0x06

参考程序如下。

```
#include<reg51.h>
unsigned  char  L_value[8]={ 0x0E,0x0C,0x0D,0x09,0x0B,0x03,0x07,0x06};
void delay( )
{   unsigned  int  i;
    for(i=0;i<30000;i++);
}
void  main( )
{   unsigned char  m;
    P0=0x0;
    while(1)
    {   for(m=0;m<7;m++)
        { P0=L_value[m];
          delay( );
        }
    }
}
```

根据设计(2),参考程序如下。

```
#include<reg51.h>
#include<intrins.h>
unsigned  char  ucMDP;                        //电动机运转时的初值
#define  OUTPUT  P2                           //定义 P2 口为电动机驱动信号
#define  INPUT  P0                            //定义 P0 口为控制信号输入口
sbit  k7=P0^7;                                //启动/停止开关
sbit  k6=P0^6;                                //正转/反转开关
```

```
void  time(unsigned  int  ucMs);    //延时单位:ms
/*************电动机定位***************/
void  position(void)
{
    OUTPUT=0x11;time(200);
    OUTPUT=0x22;time(200);
    OUTPUT=0x44;time(200);
    OUTPUT=0x88;time(200);
    ucMDP=0x11;
    OUTPUT=0x11;
}
void main(void)
{
    unsigned  char  ucTimes;
    time(100);
    position( );                    //步进电动机定位
    OUTPUT=0x0;                     //步进电动机停止
    time(100);
    P1=0xff;                        //P0 输入,首先置全 1
    while(1)
    {
       ucTimes=(P0^0x0f)&0x0f;      //读 P0 口低 4 位并取反
       if(!k7)                      //启动/停止开关=0,启动
       { if(k6)                     //正转/反转开关=1,正转
        {
            OUTPUT=ucMDP;           //送正转控制信号
            ucMDP=_crol_(ucMDP,1);  //计算下一个控制信号
        }
        else                        //正转/反转开关=0,反转
        {
            OUTPUT=ucMDP;           //送反转控制信号
            ucMDP=_cror_(ucMDP,1);  //计算下一个控制信号
        }
        time(380-ucTimes*16);       //延时
        }
        else
        {
            ucMDP=0x11;             //设置初始值
        }
```

```
    }
 }
/*****************延时函数说明******************
*延时 5 us,晶振改变时只改变这一个函数;
1.对 11.0592 MHz 晶振而言,需要 2 个_nop_( );
2.对 22.1184 MHz 晶振而言,需要 4 个_nop_( );
**********************************************/
void  delay_5us(void)                      //延时 5 us,晶振改变时只要改变这一函数
{   _nop_( );
    _nop_( );
    //_nop_( );
    //_nop_( );
}
/*************延时 50 us 函数**************/
void  delay_50us(void)                     //延时 50 us
{  unsigned  char  i;
   for(i=0;i<4;i++)
   {
     delay_5us( );
   }
}
/*************延时 100 us 函数**************/
void  delay_100us(void)                    //延时 100 us
{
   delay_50us( );
   delay_50us( );
}
/*************延时单位:ms**************/
void  time(unsigned  int  ucMs)        //延时单位:ms
{ unsigned  char  j;
   while(ucMs>0)
   {  for(j=0;j<10;j++)delay_100us( );
      ucMs--;
   }
}
```

4.2.4 思考题

(1) 如何改变步进电动机的旋转方向与速度?试设计对应的控制程序。

(2) 按照不同的分类方法，步进电动机可以分为多少种类型？

(3) 对步进电动机的控制，可以用什么方法实现？

(4) 步进电动机控制的最大特点是什么？

4.3 温度测量及控制与应用

4.3.1 温度测量与控制的基本要求

(1) 了解温度传感器 DS18S20 的工作原理；

(2) 了解温度控制的基本原理；

(3) 熟悉数字温度传感器 DS18S20 扩展接口和编程方法；

(4) 掌握一线总线接口的使用。

4.3.2 温度测量与控制原理

1. 一线总线技术

一线总线技术就是在一条总线上仅有一个主系统和若干个从系统组成的计算机应用系统。它具备能与计算机进行数字通信、总线负载量大、布线简练、精度高、性能稳定、价格便宜等多方面优点，是工业现场系统设计的高级境界。

一线总线技术的优势在于：作为信号源，不用考虑通信协议问题；在绝大多数场合，不用考虑总线上连接的传感器数量；在大多数场合甚至不需要另外提供电源。典型的一线总线器件结构如图 4.9 所示。

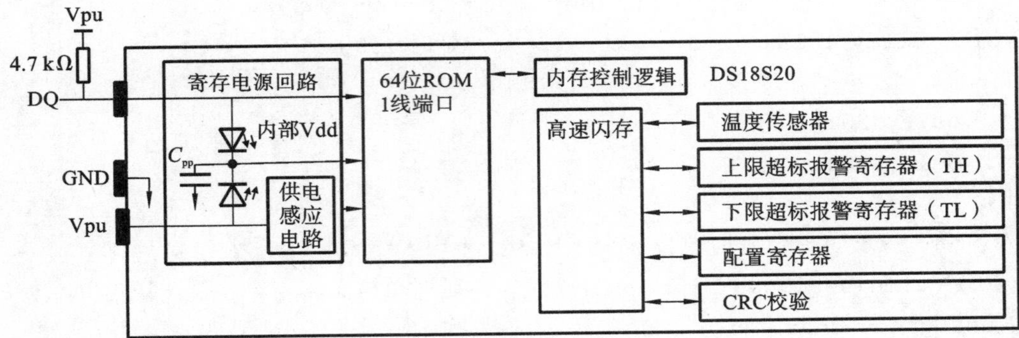

图 4.9 DS18S20 结构图

DS18S20 只有 3 个引脚，说明如下：

DQ：数据输入输出，漏极开路 1 线接口，也在寄生电源模式时给设备提供电源。

Vdd：可选的电源电压脚。当工作于寄生电源时，此引脚必须接地。

GND：地。

2. 一线数字温度传感器 DS18S20

DS18S20 是 DALLAS 公司生产的一线数字温度传感器，是世界上第一个支持一线总线接口的温度传感器，供电电压为 2.7～5.5V，转换时间为 50ms，字模 9Bit 温度数据格式，可设定报警限值。现场温度直接以“一线总线”的数字方式传输，大大提高了系统的抗干扰性。

DS18S20 测量温度范围为 －55～125 ℃，在 －10～85 ℃ 范围内，精度为 ±0.5 ℃。DS18S20 可以程序设定 9～12 位的分辨率，及用户设定的报警温度存储在 E^2PROM 中，掉电后依然保存。

DS18S20 内部结构主要由 4 部分组成：64 位光刻 ROM、高速闪存、寄存电源回路和内存控制逻辑。该闪存还提供了对上限(TH)和下限(TL)超标报警寄存器、配置寄存器(各 1 个字节)的访问。TH、TL 和配置寄存器是非易失性的(E^2PROM)，系统掉电时它们会保存数据。

DS18S20 的另一个特点是可以在没有外部电源下操作。电源由总线为高电平时 DQ 引脚上的上拉电阻提供(寄生电源模式)，此时 Vdd 接地。另外，也可用传统模式供电，此时将外部电源连在 Vdd 引脚即可。

3. DS18S20 的寄存器

DS18S20 存储器组织如图 4.10 所示。字节 0 和字节 1 分别包含温度寄存器的 LSB 和 MSB，这些字节是只读的。字节 2 和 3 提供了对 TH(上限超标报警寄存器)和 TL(下限超标报警寄存器)的访问。字节 4 包含配置寄存器数据。字节 5、字节 6 和字节 7 保留作器件内部使用，不能被改写；当读数据时，这些字节返回全 1 值。字节 8 是只读的，含有字节 0 到字节 7 的 CRC 校验。

高速闪存（上电状态）

字节0	温度低字节
字节1	温度高字节
字节2	高温报警用户字节1*
字节3	低温报警用户字节2*
字节4	配置寄存器
字节5	保留（FFH）
字节6	保留（0CH）
字节7	保留（10H）
字节8	CRC校验

图 4.10　存储器组织图

高速闪存的字节 4 包含配置寄存器，其组织结构如图 4.11 所示。用户可以用这一寄存器的 R0 和 R1 位设置 DS18S20，其测量分辨率如表 4.3 所示。这些位上电后默认值是 R0＝1 和 R1＝1(12 位分辨率)。字节 7 和字节 0～4 保留作内部使用，不能更改；在读数据时这些位返回 1。

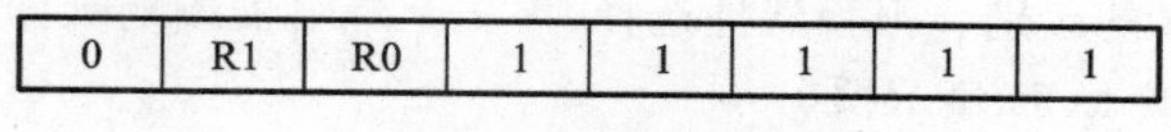

0	R1	R0	1	1	1	1	1

图 4.11　配置寄存器

表 4.3　测温分辨率配置

R1	R0	分　辨　率	温度最大转换时间/ms
0	0	9 位	93.75
0	1	10 位	187.5
1	0	11 位	375
1	1	12 位	750

4. DS18S20 的读/写

访问 DS18S20 的顺序如下：

(1) 初始化；

(2) ROM 命令(接着是数据交换);

(3) DS18S20 函数命令(接着是数据交换)。

每一次访问 DS18S20 时必须遵循这一顺序,如果其中的任何一步缺少或打乱它们的顺序,DS18S20 将不会响应。

每一次读/写之前都要对 DS18S20 进行复位,复位成功后发送一条 ROM 指令,最后发送 RAM 指令,这样才能对 DS18S20 进行预定的操作。复位要求主 CPU 将数据线下拉 500 μs,然后释放,DS18S20 收到信号后等待 16～60 μs,再发出 60～240 μs 的低电平,主 CPU 收到此信号表示复位成功。

4.3.3 温度测量与控制的应用程序

1. 应用电路

温度闭环控制系统原理如图 4.12 所示。人为数字给定一个温度值,与温度测量电路得到的温度值(反馈量)进行比较,其差值经过 PID 运算,将得到控制量并产生 PWM 脉冲,通过驱动电路控制温度单元是否加热,从而构成温度闭环控制系统。

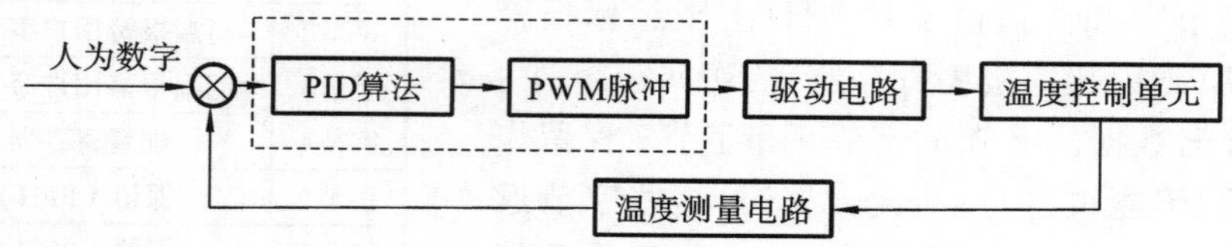

图 4.12 温度闭环控制系统原理图

2. 应用内容

1) 设计及要求

设计:编程实现以下功能。

(1) 每隔 1 s,读取一次温度传感器数据,并将转换结果从串行口送到虚拟终端显示。

(2) 设计一温度报警电路,当温度≤20 ℃或≥28 ℃时,有声、光、文字提示。要求上限报警和下线报警具有明显的区别。报警器件选择:声——蜂鸣器或喇叭,光——各种 LED 闪烁,文字——LED 显示器或 LCD 显示器。

(3) 扩展键盘。通过键盘可设定报警温度。

(4) 设计温度控制电路,由单片机的一个 I/O 口(设 P1.7 口)输出加热器的控制信号(用 LED 指示灯模拟),P1.7=0,开始加热;P1.7=1,停止加热;通过调节 DS18S20 的温度模拟环境温度变化,当温度≤20 ℃时打开加热器,当温度≥30 ℃时关断加热器。当温度≤20 ℃或≥30 ℃的时间超出 5 min 时,接通蜂鸣器报警。

要求:本实验在读取温度值的基础上,完成恒温控制。用加热电阻进行加热,然后自然冷却。温度值通过 LED 显示电路以十进制形式显示出来,单片机发出指令信号,继电器吸合,红色 LED 点亮,加热电阻开始加热。

2) 解析

多功能数字温度计具备温度计和时钟的功能,系统由单片机、温度传感器、显示设备、键盘等几个部分组成。多功能数字温度计通过温度传感器测量温度,通过单片机采集信息后在

LED 数码管上显示出来，同时该温度计还兼有时钟的功能。

3）参考程序

温度测量与控制实验程序流程图如图 4.13 所示。

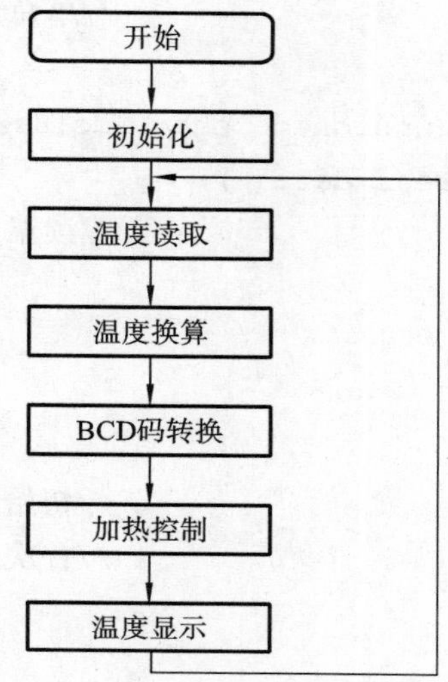

图 4.13　温度测量与控制实验程序流程图

参考程序如下。

```
#include<reg51.h>
#include<stdio.h>
#include<Absacc.h>
#include<intrins.h>
#include<string.h>
#include<ctype.h>
#define byte unsigned char
#define uchar unsigned char
#define word unsigned int
#define uint unsigned int
#define ulong unsigned long
#define BYTE unsigned char
#define WORD unsigned int
#define TRUE 1
#define FALSE 0

void inituart(void);                    //初始化串行口
void time(unsigned int ucMs);           //延时单位:ms
void delay_50us(void);                  //延时 50 us
```

```
void  delay_10us(void);                          //延时 10 us
void  delay_100us(void);                         //延时 100 us
//DS18S20 驱动程序
sbit P34=P3^4;                                   //单总线引脚
bit  ds18s20_reset( );
void ds18s20_write_data(unsigned  char  ds18s20_wdat);
unsigned char  ds18s20_read_data( );
unsigned int  read_temp( );                      //读温度数据函数

void main( )
{   int  wt=-110;
    float  f;
    inituart( );                                 //初始化串行口
    wt=read_temp( );                             //首次无效
    time(1000);
    do{
        wt=read_temp( );
        f=(float)wt/2;
        printf("ds18s20=%g\n"f);                 //打印输出结果
        time(1000);
    }while(TRUE);
  }
unsigned  int  read_temp( )                      //读温度数据函数
{
    unsigned char data temperature[2];           //存放温度数据
    unsigned char i;
    unsigned int wtemp;
    ds18s20_reset( );                            //复位
    ds18s20_write_data(0xcc);                    //跳过 ROM 命令
    ds18s20_write_data(0x44);                    //温度转换命令
    ds18s20_reset( );                            //复位
    ds18s20_write_data(0xcc);                    //跳过 ROM 命令
    ds18s20_write_data(0xbe);                    //读 ds18s20 温度寄存器命令
    for(i=0;i<2;i++)
    {
        temperature[1]=ds18s20_read_data( );
    }
    ds18s20_reset( );                            //复位,结束读数据
```

```
    return(wtemp);
  }
  /*ds18s20复位及存在检测(通过存在脉冲可以判断 ds18s20 是否损坏)函数返回一个
位标量(0或1),flag=0表示存在,flag=1表示不存在*/
  bit  ds18s20_reset( )
  {    unsignedchar i;
       bit  flag;                                    //ds18s20存在标志位
       ds18s20_DQ=0;                                 //拉低总线
       for(i=240;i>0;i--);                           //延时 480 us,产生复位脉冲
       ds18s20_DQ=1;                                 //释放总线
       for(i=40;i>0;i--);                            //延时 80 us 对总线采样
       flag=ds18s20_DQ;
       for(i=200;i>0;i--);                           //延时 400 us 等待总线恢复
       return(flag);
  }
  void ds18s20_write_data(unsigned char  ds18s20_wdat)  //写数据到 ds18s20
  { unsigned char i,j;
     for(i=8;i>0;i--)
     {   ds18s20_DQ=0;                               //拉低总线,产生写信号
         for(j=2;j>0;j--);                           //延时 4 us
         ds18s20_DQ=ds18s20_wdat&0x01;               //发送 1 位
         for(j=30;j>0;j--);                          //延时 60 us,写时序至少需要 60 us
         ds18s20_DQ=1;                               //释放总线,等待总线恢复
         ds18s20_wdat>>=1;                           //准备下一位数据的传送
     }
  }
  unsigned char ds18s20_read_data( )                 //从 ds18s20 读出数据
  {  unsigned char i,j,ds18s20_read;
     for(i=8;i>0;i--)
     { ds18s20_read>>=1;
       ds18s20_DQ=0;                                 //拉低总线,产生读信号
       delay_10us( );                                //延时 10 us,
       ds18s20_DQ=1;                                 //释放总线,准备读数据
       for(j=4;j>0;j--);                             //延时 8 us 读数据
       if(ds18s20_DQ==1)
         ds18s20_read|=0x80;
       for(j=30;j>0;j--);                            //延时 60 us
       ds18s20_DQ=1;                                 //拉高总线,准备下一个数据的读取
```

```
    }
    return(ds18s20_read);
}
void  inituart(void)                        //初始化串行口波特率
{
    SCON=0x50;                              //串行口工作在工作方式 1 下
    RCAP2H=(65536-(3456/96))>>8;
    RCAP2L=(65536-(3456/96))%256;
    T2CON=0x34;
    TI=1;                                   //置位 TI
}
/*****************延时函数说明*******************
*延时 5 us,晶振改变时只改变这一个函数
1.对 11.0592 MHz 晶振而言,需要 2 个_nop_( );
2.对 22.1184 MHz 晶振而言,需要 4 个_nop_( );
*************************************************/
void  delay_5us(void)              //延时 5 us,晶振改变时只要改变这一函数即可
{   _nop_( );
    _nop_( );
    //_nop_( );
    //_nop_( );
}
/*************延时 50 us 函数**************/
void  delay_50us(void)                      //延时 50 us
{ unsigned  char  i;
  for(i=0;i<4;i++)
  {  delay_5us( );
  }
}
/*************延时 100 us 函数**************/
void  delay_100us(void)                     //延时 100 us
{  delay_50us( );
   delay_50us( );
}
/*************延时单位:ms**************/
void  time(unsigned  int  ucMs)             //延时单位:ms
{  unsigned  char  j;
   while(ucMs>0)
```

```
    {  for(j=0;j<10;j++) delay_100us( );
       ucMs--;
    }
}
```

4.3.4　思考题

(1) 设计多功能数字温度计,需要具备哪些功能?

(2) 多功能数字温度计包括哪几个部分?

(3) DS1820 有哪些性能指标?

(4) 如何实现多点测温?

第三篇
综合篇

第5章 单片机应用系统项目设计

5.1 项目设计选题参考

每个选题都有基本要求和扩展部分，提倡创新。

编程可以用汇编语言，也可以用C语言。

5.1.1 抢答器

1. 基本要求

做一个6人的抢答器，以拨动开关 $K_0 \sim K_5$ 中的某个开关为ON作为抢答按键，无人抢答时，6个数码管循环轮流显示1～6(跑马)。有违规则进行违规处理。按中断键进行抢答，谁先抢答，数码管就停止跑马，6个数码管同时亮谁的编号，其后再有开关按下，系统不予响应，直到所有抢答开关都拨为OFF，恢复1～6跑马，才开始下一轮抢答。

2. 扩展部分

(1) 谁先按下开关(拨为ON)，对应位的一个数码管闪烁亮5次显示抢答人的编号并开始倒计时(定时)。

(2) 除完成闪烁亮5次显示抢答人的编号外，喇叭还同时发出"嘟"的叫声，叫声次数等于抢答人的编号。

3. 创新设计

学生自主创作，在已选定的项目基础上，可加入其他模块的实验内容，也可在扩展板上自行搭建新的电路，以实现新的功能。

需要了解和掌握以下知识(5.1.2至5.1.20与此要求相同，之后省略)。

(1) 了解单片机复位电路工作原理及设计。

(2) 掌握P口I/O引脚的驱动能力和LED显示原理及设计。

(3) 使用单片机的不同I/O口、采用不同电平信号，完成对发光二极管的亮灭控制。

(4) 掌握单片机外部中断处理程序的编程方法。

(5) 掌握用不同定时器、不同工作方式实现定时/计数的方法。

(6) 掌握对喇叭的控制方法。

(7) 掌握单片机C语言程序设计的方法。

5.1.2 投票器

1. 基本要求

用拨动开关 $K_0 \sim K_7$ 做一个 8 人的投票器，开关拨为 ON 的则表示为投了赞成票，准备阶段（等待投票）6 个数码管循环轮流显示 P（跑马）。投票后，以按中断键完成读票，6 个数码管齐亮赞成票的总票数（定时 5 s）。当所投票开关都拨为 OFF 时，再次按中断键，恢复等待投票状态。

2. 扩展部分

（1）6 个数码管分别闪烁显示（6 次）投票人的编号，同时判断票数大于半数票数以上为通过，并显示"PASS"，低于半数票数显示"NO"。

（2）除完成上述功能以外，喇叭还同时发出"嘟"的叫声，叫声数次等于赞成票的总票数。

3. 创新设计

学生自主创作，在已选定的项目基础上，可加入其他模块的实验内容，也可在扩展板上自行搭建新的电路，以实现新的功能。

5.1.3 交通灯控制系统

1. 基本要求

以 6 个数码管中间 4 个分别代表东南西北 4 个方向，以数码管的上、中、下 3 个横段分别代表红灯、黄灯、绿灯三盏灯，绿灯变黄灯时，黄灯闪烁 2 次（2 s 定时），最后按开关 K_3 结束。

2. 扩展部分

（1）东西南北 4 个方向分别用定时器完成时间的延时（倒计时分别定时 4 s 和 8 s）。

（2）故障处理，即按中断键，则 4 个方向全亮红灯，并鸣笛报警片刻。再次按中断键，恢复正常工作。

3. 创新设计

学生自主创作，在已选定的项目基础上，可加入其他模块的实验内容，也可在扩展板上自行搭建新的电路，以实现新的功能。

5.1.4 出租车计价器

1. 基本要求

（1）开关 K_3 作为计价器启动和停止控制，K_7 作为汽车启动和停止控制。数码管显示时间和价格，以角作为计价最低单位，当计价器启动前计价器跑马显示 L（空载），计价器启动（载客），计价器显示初值"0"。当汽车启动时，开始计时，跟踪行驶时间以显示实时价格。

（2）2 min 以内按 3 元计价，以后每增加 2 min，价格增加 0.7 元。当超过 6 min 时，按每增加 1 min，价格增加 1 元计算。数码管前 2 位显示时间，后 4 位显示价格，以元作为计价单位，以小数点隔开元和角。

提示：出租车计价器通常是按里程计算价格的，里程等于速度乘以时间，假设速度已知且是固定的，里程和时间成正比关系，以时间计算价格和按里程计算价格是一致的（价格＝速度

×时间×单价）。本设计以时间计价，为方便观察，以 min 作为时间单位。

2. 扩展部分

(1) 汽车停止时，（*闪烁）显示总时间和最终总价格。在所有开关复位后，计价器重新回到跑马状态。

(2) 按下中断键表示有故障发生，停止正常工作，显示“STOP”并鸣笛报警。故障排除后，再次按下中断键，恢复正常工作。

3. 创新设计

学生自主创作，在已选定的项目基础上，可加入其他模块的实验内容，也可在扩展板上自行搭建新的电路，以实现新的功能。

5.1.5　电子数字钟系统

1. 基本要求

(1) 具有交替显示年、月、日的功能。

(2) 具有显示时、分、秒的功能。

2. 扩展部分

(1) 具备定点闹钟和整点报时功能。

(2) 具备校时、校分功能。

3. 创新设计

学生自主创作，在已选定的项目基础上，可加入其他模块的实验内容，也可在扩展板上自行搭建新的电路，以实现新的功能。

5.1.6　音乐盒

1. 基本要求

编程实现你熟悉的 2～3 首乐曲，并在喇叭上进行播放，音调和节拍基本准确。

(1) 拨动不同开关播放不同乐曲（点歌）。

(2) 用开关控制乐曲的顺放和倒放（连续播放）。

2. 扩展部分

(1) 数码管显示乐曲序号，播放乐曲同时显示音符。

(2) 能控制暂停播放和继续播放。

3. 创新设计

学生自主创作，在已选定的项目基础上，可加入其他模块的实验内容，也可在扩展板上自行搭建新的电路，以实现新的功能。

5.1.7　故障报警系统

1. 基本要求

用拨动开关 K_0～K_7 作为 8 个故障源，开关拨为 ON 表示产生故障。当正常工作时，6 个数码管稳定显示“—GOOD—”。当按下中断键时，表示发生了故障，6 个数码管同时亮之后同时灭，并闪烁显示故障源号码（定时）。

2. 扩展部分

(1) 喇叭用循环高、低音作为报警声，直到故障排除。解除警报后，显示"END"并恢复正常工作状态。

(2) 故障数大于 4，为严重事故，闪烁显示"ERROR"。

3. 创新设计

学生自主创作，在已选定的项目基础上，可加入其他模块的实验内容，也可在扩展板上自行搭建新的电路，以实现新的功能。

5.1.8 电梯控制系统

1. 基本要求

开关 K_0：指示电梯上下("ON"表示电梯上升，"OFF"表示电梯下降)。

开关 K_1～K_6 指示电梯层次；开关 K_7 表示故障报警。准备阶段时，有 6 个数码管循环轮流显示 H(跑马)，按下中断键，电梯控制系统开始工作。

(1) 当 K_0 置"ON"时，表示电梯上升，在 2、3 位上显示 UP，拨动层次开关 K_n，单管显示 0～n的值，电梯上升时，仅响应电梯所在位置以上层的上楼请求信号，依楼层次序逐个执行，直到最后一个请求执行完毕。

(2) 当 K_0 置"OFF"时，表示电梯下降，在 3、4 位上显示 DO，拨动层次开关 K_n，单管显示 0～n的值，电梯下降时，仅响应电梯所在位置以下层的下楼请求信号，依楼层次序逐个执行，直到最后一个请求执行完毕。

2. 扩展部分

(1) 到达所需楼层后 5 s，并闪烁显示楼层号(等待)。若有其他楼层开关拨动，则转向其他楼层；若无其他楼层开关拨动，则下降到底层。

(2) 当故障开关 K_7 指示有故障时，闪烁显示"STOP"并报警。

3. 创新设计

学生自主创作，在已选定的项目基础上，可加入其他模块的实验内容，也可在扩展板上自行搭建新的电路，以实现新的功能。

5.1.9 比赛记分牌的设计

1. 基本要求

(1) 开关 K_2 作为系统启动信号，准备阶段，6 个数码管循环轮流显示 1～3(跑马)，当按下中断键时，启动系统开始工作，并在数码管上闪烁显示"10FEN"(FEN 代表分)。

(2) 得分时加上相应的分数，失分时减去相应的分数。

(3) 当按下刷新分数的按键以拨动 K_5 为"ON"时，伴随提示音(5 s)。

(4) 计分的范围设为 1～100。

2. 扩展部分

(1) 按键设置模块用来刷新选手的得分，当选手得分和失分时，可通过两个按键对选手的分数重新设置。

(2) 有按键按下时蜂鸣器发出声音，按键释放时停止发声。

3. 创新设计

学生自主创作,在已选定的项目基础上,可加入其他模块的实验内容,也可在扩展板上自行搭建新的电路,以实现新的功能。

5.1.10　报站器

1. 基本要求

(1) 开关 K_6 作为系统启动信号,准备阶段有 6 个数码管循环轮流显示 1～6(跑马),当 K_6 拨为 ON 时,启动公交车系统开始工作,5 个数码管闪烁显示“START”。开关 K_7 作为汽车启动信号。以拨动开关 K_1～K_5 作为 5 个停靠站的站点,开关拨为 ON 的为停靠站点,并分别在对应数码管上闪烁显示站号 N(汽车开往 N 站)。

(2) 在驾驶员按下相应开关 N 后,每到一站,开关 K_7 拨为 ON 表示“停车”,显示器上显示 N-go(N 站到了,请下车),系统处于等待状态,等待 5 s。当开关 K_7 拨为 OFF“开车”时,数码管显示提示信息“P－N＋1”(汽车启动,开往下一站 N＋1)。

提示:“N”为到站号。

2. 扩展部分

(1) 故障处理:如果出现紧急情况,则按中断键,4 个数码管显示“STOP”,并鸣笛片刻,再次按中断键,恢复正常工作。

(2) 每到一站,扬声器发出“嘟”的叫声次数等于停靠站的站号次数。到达终点显示提示信息 N-ST(N 站终点到了),当 K_6 拨为 OFF 时,报站器重新恢复跑马。

3. 创新设计

学生自主创作,在已选定的项目基础上,可加入其他模块的实验内容,也可在扩展板上自行搭建新的电路,以实现新的功能。

5.1.11　计算器

1. 基本要求

(1) 利用 4×4 矩阵键盘作为用户输入接口,输入运算数据,6 个数码管作为运算数据或计算结果显示,运算结果不超过 6 位整数,运算包括加、减、乘、除。

(2) 准备阶段,6 个数码管循环轮流显示 L(跑马),当按下中断键时,启动系统开始工作,4 个数码管闪烁显示“START”,

提示:定义矩阵键盘 16 个按键分别为 0～9、.(小数点)、＋、－、×、÷、＝,程序循环执行键盘扫描和显示,根据按下键的不同类型分别进入不同的处理分支,通过判断按下的是等号键还是运算符键决定是否输入第二个操作数,再根据保存的运算符进行计算,显示运算结果,如果采用 A 和 B 运算后结果存入 A,还可以进行连算。

2. 扩展部分

(1) 在超出 6 位显示范围时,以科学计数法显示浮点数。

(2) 除完成上述功能以外,喇叭还同时发出“嘟”的叫声片刻。

3. 创新设计

学生自主创作,在已选定的项目基础上,可加入其他模块的实验内容,也可在扩展板上自行搭建新的电路,以实现新的功能。

5.1.12 微波炉控制系统

K_0 为微波炉启动开关。当 K_0 为 OFF 时，初始状态显示“时. 分. 秒”；当 K_0 为 ON 时，启动微波炉开始工作并显示全“0”。K_1 为工作模式选择开关。当 K_1 拨到 OFF，即微波模式时，数码管上闪烁显示“USTART”；当 K_1 拨到 ON，即烧烤模式时，数码管上闪烁显示“SSTART”。

1. 基本要求

微波模式：数码管倒计时显示微波烹调时间。K_2 设为 2 min，K_3 设为 8 min，烹调结束后显示“End”。所有开关复位后返回跑马。

烧烤模式：数码管倒计时显示烧烤烹调时间。K_4 设为 3 min，K_5 设为 9 min，烹调结束后显示“End”。所有开关复位后返回跑马。

2. 扩展部分

(1) 按中断键表示微波/烧烤暂停，提示“PAUSE”并鸣笛，再次按下中断键恢正常工作。

(2) K_7 为温度控制键，当 K_7 拨到 OFF 时，表示高温烹调，数码管上显示“P100”；当 K_7 拨到 ON 时，表示中温烹调，数码管上显示“P80”。

3. 创新设计

学生自主创作，在已选定的项目基础上，可加入其他模块的实验内容，也可在扩展板上自行搭建新的电路，以实现新的功能。

5.1.13 篮球计分器

设计一个篮球计分器，K_6、K_7 分别为红队和蓝队的计分启动开关，K_1、K_2、K_3 分别为 1 分球、2 分球和 3 分球记分开关，打满 20 分表示一场球赛结束。

1. 基本要求

初始状态跑马显示 L(P0＝0xFF)，当 K_6 拨到 ON 时，红队开始计分；当 K_7 拨到 ON 时，蓝队开始计分，右位或左位数码管分别显示红、蓝两队的提示信息“h”或“L”。中间 4 位数码管分别显示红、蓝两队总分。当 K_1、K_2、K_3 拨到 ON 时，分别计 1 分、2 分、3 分，(6 位数码管全亮显示计分情况)。总分计满 20 分，一场球结束，回到初始。

2. 扩展部分

(1) 一场球赛结束后，显示获胜队信息“h-sn”或“L-sn”，判复位(P0＝0xFF 吗?)，否则显示“no”，回到初始状态(跑马)。

(2) 按下中断键申请球赛暂停，显示“STOP”并鸣笛，再次按下中断键恢复比赛(继续计分)。

3. 创新设计

学生自主创作，在已选定的项目基础上，可加入其他模块的实验内容，也可在扩展板上自行搭建新的电路，以实现新的功能。

5.1.14 洗衣机控制系统

开始启动，6 位数数码管跑马显示 Y。当 K_1 拨到 ON 时，为常规洗，数码管上显示“CG”；

当 K_2 拨到 ON 时，为简易洗，数码管上显示“JY”。

1. 基本要求

常规洗：洗 1 次，9 min，清 2 次，每次 4 min，甩干 1 次 3 min(以倒计时显示)。洗涤结束后鸣笛 5 声，并显示“End”。所有开关复位后返回跑马。

简易洗：洗 1 次，6 min，清 1 次，3 min，甩干 1 次，2 min(以倒计时显示)。洗涤结束后鸣笛 5 声，并显示“End”。所有开关复位后返回跑马。

2. 扩展部分

(1) 按中断键表示出现故障，提示“STOP”(闪烁显示)并鸣笛报警，再次按下中断键表示故障排除，恢复正常工作。

(2) 倒计时显示——同时在数码管上分别显示洗、清、甩干的提示。

3. 创新设计

学生自主创作，在已选定的项目基础上，可加入其他模块的实验内容，也可在扩展板上自行搭建新的电路，以实现新的功能。

5.1.15　共享单车智能管理系统

开关 K_7 为扫码开关(扫描二维码)，开关 K_6 为关锁开关，开关 K_5 为结算缴费开关，开关 K_0～K_4 为拨码开关(输入二进制密码)。

1. 基本要求

(1) 系统初始状态(P0＝0xFF)跑马显示 F，K_7 为“0”表示扫码成功，进入共享单车管理系统显示提示“0F0”，并给出 5 位数密码。

(2) 通过拨动 K_0～K_4 拨码开关输入密码，并在 5 个数码管上显示输入的二进制数密码(如 10010)，密码隐含，与之前设定的密码进行对比。如果输入的密码不正确，则显示“no”；如果输入的密码正确，则显示“yes”，并自动开锁。显示器清“0”，骑行开始，实时计时计费，前 5 min 免费，超过 5 min 后每 2 min 计费 0.5 元。2 个数码管显示时间，3 个数码管显示价格。

2. 扩展部分

(1) K_6 为“on”表示骑行停止关锁，显示总时间和总价格(价格的元与角用小数点分隔)。K_5 为“on”表示缴费完成，显示“good”，在所有开关复位后返回跑马(P0＝0xFF)。

(2) 按下中断键表示系统出现故障，系统暂停运行并显示提示信息“stop”，并报警。第二次按下中断键表示故障排除，系统恢复正常工作。

3. 创新设计

学生自主创作，在已选定的项目基础上，可加入其他模块的实验内容，也可在扩展板上自行搭建新的电路，以实现新的功能。

5.1.16　用单片机控制直流电动机并测量转速

1. 基本要求

(1) 通过改变 A/D 转换器输入端可变电阻来改变 A/D 转换器的输入电压，检测 A/D 转换器输入电压的大小(作为脉宽数据)，进而控制直流电动机的转速。

(2) 手动控制：用开关或按键(直流电动机加速器键、直流电动机减速键控制)。设置不同的占空比，用占空比不同的脉冲驱动直流电动机转动，从而得到不同的转速。在手动状态下，每按一次开关或按键，电动机的转速均按照约定的速率改变。

(3) 用数码管循环显示移动速度，及时跟踪直流电动机转速的变化情况。

2. 扩展部分

直流电动机双极性控制（利用脉冲的双极性）：00H——逆时针转最快，80H——停止，FFH——顺时针转最快。

3. 创新设计

学生自主创作，在已选定的项目基础上，可加入其他模块的实验内容，也可在扩展板上自行搭建新的电路，以实现新的功能。

5.1.17 模拟电风扇控制系统

1. 基本要求

准备阶段（系统未开始工作）有 6 个数码管循环轮流显示 H（跑马）。

(1) 用 4 个数码管显示风扇的工作状态（1、2、3、4 分别表示 4 挡风力，即自然风、低速风、常风和睡眠风），每拨一次 K_0 键（工作模式切换按键），使其为 0FF，设备循环切换四种工作模式。

(2) 每拨一次 K_1 键（定时键），使其为 OFF，定时时间分别为 1 min、2 min、3 min。

(3) 每拨一次 K_2 键（摇头键），使其为 OFF，摇头对应 PWM 占空比分别为 20%、50%、70%。

(4) 拨 K_3 键，则"停止"工作，直到 K_2 重新设置定时时间。

2. 扩展部分

(1) 按中断键表示出现故障，闪烁显示"STOP"，并鸣笛报警，再次按下中断表示故障排除，恢复正常工作。

(2) 拨 K_4 键（室温键），使其为 OFF 时，通过数码管显示当前室温，数码管显示格式如图 5.1 所示。

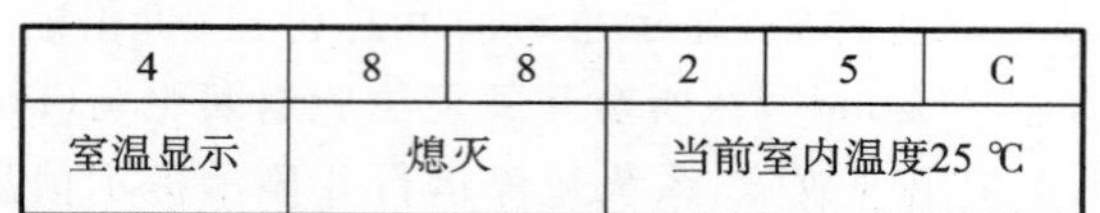

4	8	8	2	5	C
室温显示	熄灭		当前室内温度25 ℃		

图 5.1 显示当前室温

当 K_4 拨为 ON 时，停止显示工作模式。

3. 创新设计

学生自主创作，在已选定的项目基础上，可加入其他模块的实验内容，也可在扩展板上自行搭建新的电路，以实现新的功能。

5.1.18 自动打铃系统

1. 基本要求

准备阶段（系统未开始工作）有 6 个数码管循环轮流显示"1，2，3，4，5，6"（跑马）。按中断键开始，完成以下功能。

(1) 完成基本计时和显示功能(用 12 小时制显示)，包括上下午标志，时、分、秒用数字显示。

(2) K_1 键拨为 OFF 时，置当前时间为上午的时、分；当 K_2 键拨为 OFF 时，置当前时间为下午的时、分。

(3) K_3 键拨为 OFF 时，置当前时间为上午打铃时间：上午 6:00 起床铃——打铃 5 s，停 2 s，再打铃 5 s。K_4 键拨为 OFF 时，置当前时间为下午打铃时间：下午 10:00 熄灯铃——打铃 10 s，停 5 s，再打铃 10 s。

2. 扩展部分

(1) 增加整点报时功能，整点时间响铃 5 s，要求有启动和关闭功能。

(2) 当故障开关 K_7 指示有故障时，闪烁显示 STOP，并报警。

(3) 增设上午 4 节课的上下课打铃功能，规定：8:10—9:45、10:05—11:40、14:00—15:35、15:45—17:20，每次铃声响 10 s。

3. 创新设计

学生自主创作，在已选定的项目基础上，可加入其他模块的实验内容，也可在扩展板上自行搭建新的电路，以实现新的功能。

5.1.19 电子密码锁系统设计

1. 基本要求

准备阶段有 6 个数码管循环轮流显示 H(跑马)，按中断键开始，完成以下功能。

(1) 总共可以设置 8 位密码，每位密码值范围为 1～8。

(2) 用户可以自行设定和修改密码。

(3) 按每个密码键时都有声音提示。

(4) 在输入密码过程中，数码管上只显示"8"，当密码位数输入完毕且按下确认键时，对输入的密码与设定的密码进行比较，只有密码完全正确才能开锁，开锁时要有 1 s 的提示音，在数码管上闪烁显示"begin"。若键入的 8 位开锁密码不完全正确，则报警 5 s，以提醒他人注意。

(5) 若密码不正确，则可以重新输入密码。若连续三次输入错误，则锁定按键 10 s(倒计时)，报警期间输入密码无效，以防止窃贼多次试探密码，同时发出报警声 10 次，禁止再输入。

2. 扩展部分

(1) 用户可自行设定和修改密码。密码设定完毕后要有 2 s 提示音。

(2) 按某个键，设置新的 4 位数字密码并做检查。

3. 创新设计

学生自主创作，在已选定的项目基础上，可加入其他模块的实验内容，也可在扩展板上自行搭建新的电路，以实现新的功能。

5.1.20 候车大厅人数检测系统

1. 基本要求

系统正常工作，数码管闪烁显示"GOOD"，之后循环移动显示"WH"，并完成以下功能。

(1) 统计进入各候车厅的人数(除去从出站口走出的),并在数码管上显示出来。

(2) 用键盘设定各候车厅能容纳人数的上限。

(3) 如果人数超过上限,则报警。

2. 扩展部分

(1) 按中断键表示出现故障,闪烁显示"STOP",并鸣笛报警,再次按下中断键表示故障排除,恢复正常工作。

(2) 各厅为去往不同方向的乘客,在数码管上定时显示各厅编号和所要到达的目的地。

3. 创新设计

学生自主创作,在已选定的项目基础上,可加入其他模块的实验内容,也可在扩展板上自行搭建新的电路,以实现新的功能。

5.1.21 单片机数字电压表的设计

1. 基本要求

(1) 准备阶段(系统未开始工作),6 个数码管循环轮流显示"A、B、C、D、E、F"(跑马)。

(2) 按中断键开始,用单片机 AT89S51 与 ADC0809 设计数字电压表,4 个数码管用来显示,能够较准确地测量 0～5 V 的直流电压值,测量最小分辨率为 0.02 V。

(3) 在进行 A/D 转换时需要有 CLK 信号,CLK 接在 AT89S51 单片机的 P3.3,即要求从 P3.3 输出 CLK 信号以供 ADC0809 使用,产生 CLK 信号用软件来实现。ADC0809 的参考电压 V_{REF} = Vcc,所以转换之后的数据要经过数据处理。系统框图如图 5.2 所示。

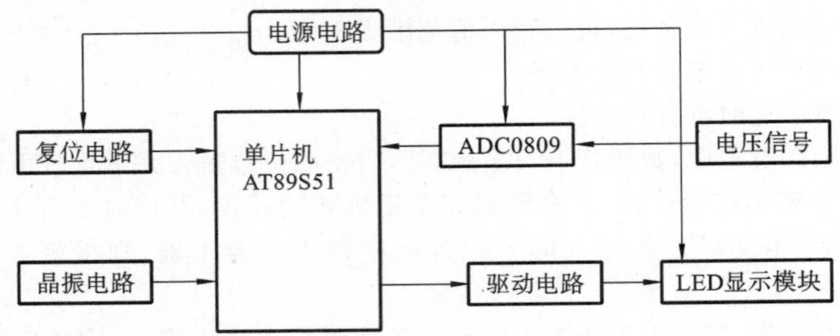

图 5.2 单片机数字电压表系统框图

2. 扩展部分

(1) ADC0809 的参考电压 V_{REF} = Vcc,转换之后的数据要经过数据处理。

(2) 在数码管上显示处理后的结果,并伴随提示音(2 s)。

3. 创新设计

学生自主创作,在已选定的项目基础上,可加入其他模块的实验内容,也可在扩展板上自行搭建新的电路,以实现新的功能。

需要了解和掌握以下知识(5.1.22 小节与此要求相同,之后则省略)。

(1) 掌握 5 V 电源原理。

(2) 掌握单片机复位电路工作原理及设计。

(3) 掌握晶振电路工作原理及设计。

(4) 掌握按键电路的设计。

(5) 掌握 LED 显示原理及设计。

(6) 掌握驱动芯片 74LS07 原理及设计。

(7) 掌握模/数转换芯片 ADC0809 的特性及使用。

(8) 掌握 AT89S51 单片机引脚。

(9) 掌握单片机 C 语言程序设计的方法。

5.1.22　基于 AT89S51 单片机的快热式家用热水器

1. 基本要求

(1) 用 2 个数码管显示出水温度,能显示设定功率挡位。

(2) 温度检测显示范围为 0～99 ℃,精确度为±1 ℃。

(3) 设置 3 个功能挡位指示灯,1～4 挡有 1 个灯亮,5～8 挡有 2 个灯亮,9 挡有 3 个灯亮。0 挡无功率输出,挡位灯不亮。

(4) 设置 3 个轻触按钮,分别为电源开关键、"＋"键和"－"键。加热功率分为 0～9 挡,按"＋"键依次递增至 9 挡,按"－"键依次递减至 0 挡,0～9 挡功率依次为 0、1/9P、2/9P、3/9P、4/9P、5/9P、6/9P、7/9P、8/9P 和 P。

2. 扩展部分

(1) 出水温度超过 65 ℃时,停止加热,并鸣笛报警,温度降到 45 ℃以下时恢复初始状态。

(2) 内胆温度超过 105 ℃时,停止加热,防止干烧。

快热式家用热水器系统框图如图 5.3 所示。

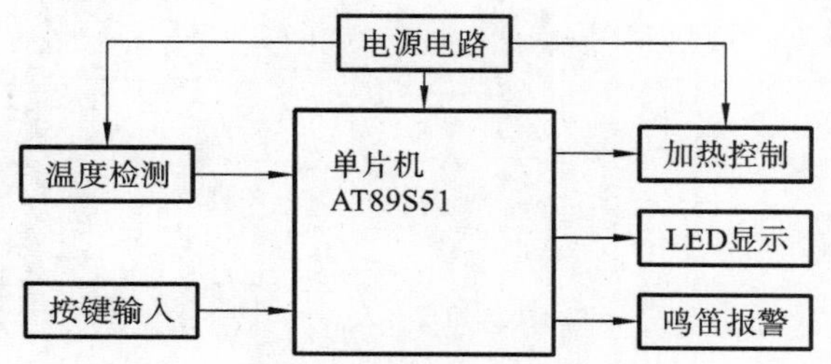

图 5.3　快热式家用热水器系统框图

提示:对于加热功率的控制,最简单的方法是由若干不同功率的电热丝组合得到几种加热功率,但由于快热式热水器的加热功率较大,且挡位设置较多,用电热丝组合的方法需要几组电热丝和继电器,成本增高且可靠性降低。比较理想的方法是采用晶闸管控制功率,单片机通过光耦合向晶闸管发送触发信号,控制晶闸管的导通角,从而控制电热丝的有效加热功率。为了在关机和超温保护的状态下能可靠地关断加热电源,在电路中加入继电器来控制加热电源,其中串联在继电器线圈回路的熔丝为 105 ℃的熔丝。当温度超过 105 ℃时,熔丝就会熔断,从而防止加热管干烧。与电热丝并联的 LED 用来指示电热丝的工作状态。晶闸管的触发信号中需要对市电进行过零检测,以实现触发脉冲的相位延时。过零检测可利用晶体管 8085 和一个"非"门实现。

温度检测的方法较多，常用热敏电阻(或热敏传感器)组成电桥来采集信号，再经放大、A/D转换后传送给单片机。目前比较先进的方法是采用专门的集成测温传感器(如DS18B20)，直接将温度转换成数字信号并传送给单片机。设计可采用温度/频率转换测温法，直接将温度信息转换成频率信号，用单片机测出频率大小，从而间接测出温度值。

3. 创新设计

学生自主创作，在已选定的项目基础上，可加入其他模块的实验内容，也可在扩展板上自行搭建新的电路，以实现新的功能。

5.2 自主设计项目要求

(1) 自己拟定项目设计选题，经指导教师认可，完成项目设计要求。

(2) 自己拟定的项目必须包含并行口(P0、P1、P2口)、中断和定时器/计数器，也可加入其他模块。

第 6 章 单片机课程设计举例

6.1 应用系统的硬件设计

从硬件规模来分，单片机应用系统可分为单片机基础系统、扩展系统和系统节点三类。如果单片机内部资源已经能满足系统的硬件要求，则可以设计成一个基础系统。需要扩展程序存储器、数据存储器或 I/O 接口电路的单片机应用系统，称为扩展系统。在分布式计算机系统或计算机网络中，作为系统节点的单片机通常用于下位机，上位机则是系统机或网络工作站。

一般来说，一个单片机应用系统的硬件设计包括三部分内容：一是单片机芯片的选择，二是单片机系统的扩展，三是单片机系统的各模块配置。设计时一般应遵循以下原则。

1. 尽可能选用能满足片内资源要求的芯片

优先选用片内有大容量 Flash 存储器的产品，使用此类单片机，可省去扩展程序存储器，从而减少所使用的芯片数量，缩小系统体积。

2. 单片机系统扩展的设计

单片机系统扩展部分的设计包括存储器扩展、I/O 口扩展和功能模块扩展的设计。I/O 口扩展是指对 8255、8155、7279、8279 及其他 I/O 功能部件的扩展，它们都属于单片机系统扩展的内容。

3. 单片机各功能模块的设计

单片机各功能模块的设计包括对信号测量功能模块、信号控制功能模块、人机对话功能模块、通信功能模块等的设计，根据系统功能要求配置相应的 A/D 转换接口、D/A 转换接口、键盘、显示器、打印机等外设。

在进行系统的硬件电路设计时，还应注意以下几个方面。

(1) 尽可能选择标准化、模块化的典型电路。

(2) 在条件允许的情况下，尽量选用功能强、集成度高的电路或芯片。

(3) 注意选择市场供应充足的元器件，如有必要，可向供应商咨询。

(4) 如果是军用产品或具有特殊环境要求的系统，应选择满足要求的芯片。

(5) 初次设计时，系统的扩展及功能模块的设计应适当留有余地，以便日后修改和扩展。

(6) 应充分考虑系统的驱动能力及电源的能力。

(7) 硬件设计要兼顾批量生产的工艺设计，确保安装、调试和维修方便，最好设置几个测试点，以便调试。

(8) 注意：系统的抗干扰设计包括切断来自电源、传感器的干扰，抑制噪声及空间干扰，关注强弱电的干扰，CMOS 电路不使用的输入引脚不允许浮空等。

(9) 设计时应尽可能地采用最新的技术。

6.2 应用系统的软件设计

在系统硬件电路设计定型后，软件设计的任务也就明确了。软件设计在系统设计中占有重要位置。应用软件包括数据采集和处理程序、控制算法实现程序、人机交互程序、数据管理程序等。软件设计通常采用模块化程序设计、自上而下的程序设计。

根据设计要求将系统软件分成相应的模块。一般来讲，软件的功能可分为两大类。一类是执行软件，完成各种实质性的功能，如测量、计数、显示、打印和输出控制等；另一类是监控软件，专门用来协调各执行模块和操作者的关系，在系统软件中充当组织调度角色。进行软件设计时应从以下几个方面加以考虑。

(1) 根据软件功能要求，将软件分成若干个相对独立的功能模块，设计出合理的软件总体结构，使其结构清晰、简洁、流程合理。

(2) 各功能程序实行模块化、子程序化，既便于调试、链接，又便于修改和移植。

(3) 确定好算法，绘制程序流程图。这是程序设计的一个重要组成部分，正确的算法、合理的程序结构是软件设计成功的关键。从某种意义上讲，多花一点时间来设计程序流程图，就可以节省源程序的编辑、调试时间。

(4) 合理分配系统资源，包括 ROM、RAM、定时器/计数器、中断等。其中最关键的是片内 RAM 和 Flash 的分配，在 RAM 资源规划好后，可列出一张内存资源分配表，以备编程时查用。

(5) 对程序功能进行必要的注释，提高程序的可读性。

(6) 注意软件的抗干扰设计，提高应用系统可靠性。

软件设计可以使用汇编语言和 C51 语言，编写程序时，应采用标准的符号和格式。

6.3 算法的表示

算法的表示：把算法用一种适当的方式描述出来。

表示算法的方法有自然语言、流程图(或框图)。

流程图用图形符号(框和线)表示算法的每一步及各步之间的联系，流程图常用符号及其含义如表 6.1 所示。

表6.1 流程图常用符号及其含义

符　　号	符号名称	意　　义
	起止框	起止框
	判断框	表示判断选择，根据框中的条件从两种可选择动作中选择一个分支执行
	处理框	表示按顺序执行的处理
	调用框	表示调用函数
	流程线	表示两个步骤相邻，且执行顺序由箭尾一方到箭头一方。对于自上而下的顺序，箭头可省略
	连接点	连接点必须以相同的形式成对出现，用于表示一条流程线被断开后的两个端点

6.4 项目设计示例——医院住院病人呼叫器系统设计

每一项设计任务都有具体的设计要求，因此每一次设计前都要认真地研究和理解设计要求中的每一项条款，思考如何实现设计要求，并且在满足设计要求的前提下，尽可能地选择一个最佳的设计方案。下面以医院住院病人呼叫器系统设计为例进行设计。

6.4.1 设计要求

1. 基本要求

设计一个5床位的无线呼叫器，供医院住院病人（或静脉点滴病人）呼叫医护人员使用。病人可通过按下自己床边的按钮（开关），向医护人员发出呼叫信号。

准备阶段，6个数码管循环轮流显示P（跑马），当按下中断键时，启动系统，5个数码管闪烁显示“START”，用拨动开关$K_1 \sim K_5$作为5个病床申请源，开关拨为ON的为产生呼叫请求，对应的开关位数码管闪烁并显示病床号（定时）。

2. 扩展部分

（1）如果有多个病人请求，则分别循环显示病床号，每个病床号显示5 s，当某位拨为OFF时，对应位停止闪烁和鸣笛，当所有开关拨为OFF时，显示“END”（5 s），中断返回跑马。

（2）除完成上述功能以外，喇叭同时发出“嘟”的叫声，叫声次数等于呼叫病床号的号数。

3. 创新设计

创新设计是在本课题要求的基础上，做出功能性的创新。

项目需了解和掌握以下知识。

(1) 了解单片机复位电路工作原理及设计。

(2) 掌握P口和I/O引脚的驱动能力和LED显示原理及设计。

(3) 掌握使用单片机的不同I/O口、不同电平信号对发光二极管的亮灭控制的方法。

(4) 掌握单片机外部中断处理程序的编程方法。

(5) 掌握用不同定时器、不同工作方式实现定时/计数的方法。

(6) 掌握对喇叭的控制方法。

(7) 掌握单片机C语言程序设计。

6.4.2 设计内容

1. 系统总体电路图设计

系统总体电路图如图6.1所示。

本系统设计涉及并行口、中断、定时器/计数器、复位电路和显示电路，所以将这几个模块组合在一起，画出总体电路图。

2. 系统总体程序流程图设计

系统总体程序流程图如图6.2所示。

3. 系统总体程序设计

系统程序如下。

```
#include<reg51.h>
int  m,n,z,o,q,g,k,u;
sbit k1=P0^0;                              //设置 1~5 开关
sbit k2=P0^1;
sbit k3=P0^2;
sbit k4=P0^3;
sbit k5=P0^4;
sbit speak=P3^7;                           //设置蜂鸣器口
viod  delay(int  x)                        //延时
{   int  i,j;
    for(i=0;i<x;i++)
    {
         for(j=0;j<200;j++);
    }
}
void  delay_5(unsigned  int  t)            //定时函数
{  unsigned  int  i;
   for(i=0;i<t;i++)
```

```
    {   TH1=15536/256;
        TL1=15536%256;
        while(TF1==0);
          TF1=0;
    }
}
void  paoma( )                              //跑马显示"P"子程序
{   P1=0x01;
    P2=0x73;
    for(o=0;o<60;o++)
    {     P1<<=1;
          delay(500);
          if(P1==0x20)
            P1=0x01;
          delay(500);
    }
}
void  laba( )                               //鸣笛函数
{   for(m=0;m<500;m++)
    {     speak=~speak;
          for(n=0;n<50;n++);
    }
    for(m=0;m<250;m++)
    {    speak=~speak;
         for(n=0;n<100;n++);
    }
}
void  shanshuo( )                           //闪烁显示"START"子程序
{  for(g=0;g<100;g++)
   {   for(q=0;q<5;q++)
       {   P1=0x01;P2=0x6d;delay(1);
           P1=0x02;P2=0x07;delay(1);
           P1=0x04;P2=0x77;delay(1);
           P1=0x08;P2=0x77;delay(1);
           P1=0x10;P2=0x07;delay(1);
       }
     P1=0x00;delay(1);
   }
```

```
}
In0v( )  interrupt  0                        //中断服务程序
{
    shanshuo( );                             //调用显示"START"子程序
    while(P0!=0x0FF)                         //检测开关 k1~k5 的状态
    {   if(k1==0)
        {   for(u=0;u<5;u++)                 //时长 5 s
            { P1=0x01;P2=0x06;
              delay_5(10);                   //延时 500 ms
            }
            for(z=0;z<1;z++)                 //鸣笛 1 声
            {
              laba( );                       //调用鸣笛子函数
            }
        }
        if(k2==0)
        {    for(u=0;u<5;u++)
             {   P1=0x02;P2=0x5b;
                 delay_5(10);                //延时 500 ms
             }
             for(z=0;z<2;z++)                //鸣笛 2 声
             {
                 laba( );                    //调用鸣笛子函数
             }
        }
        if(k3==0)
        {    for(u=0;u<5;u++)
             {   P1=0x04;P2=0x4f;
                 delay_5(10);                //延时 500 ms
             }
             for(z=0;z<3;z++)                //鸣笛 3 声
             {
                 laba( );                    //调用鸣笛子函数
             }
        }
        if(k4==0)
        {    for(u=0;u<5;u++)
             {   P1=0x08;P2=0x66;
```

```
                delay_5(10);             //延时 500 ms
            }
            for(z=0;z<4;z++)             //鸣笛 4 声
            {
                laba( );                 //调用鸣笛子函数
            }
        }
        if(k5==0)
        {       for(u=0;u<5;u++)
            {   P1=0x10;P2=0x6d;
                delay_5(10);             //延时 500 ms
            }
            for(z=0;z<5;z++)             //鸣笛 5 声
            {
                laba( );                 //调用鸣笛子函数
            }
         }
   }
   for(k=0;k<500;k++)                    //显示"END"
   {      P1=0x01;P2=0x79;delay(1);
          P1=0x02;P2=0x37;delay(1);
          P1=0x04;P2=0x3f;delay(1);
   }
   delay_5(100);                         //延时 5 s
}
void  main( )
{  EA=1;                                 //开中断
   EX0=1;                                //允许 INT0 中断
   IT0=1;                                //边缘触发中断
   TMOD=0x10;                            //定时器 1 方式 1
   TR1=1;
   paoma( );                             //调用跑马子程序
   while(1);                             //等待中断
}
```

4. 各功能模块程序流程图与相应的程序段

1）跑马模块

跑马子程序流程图如图 6.3 所示。

跑马子程序如下。

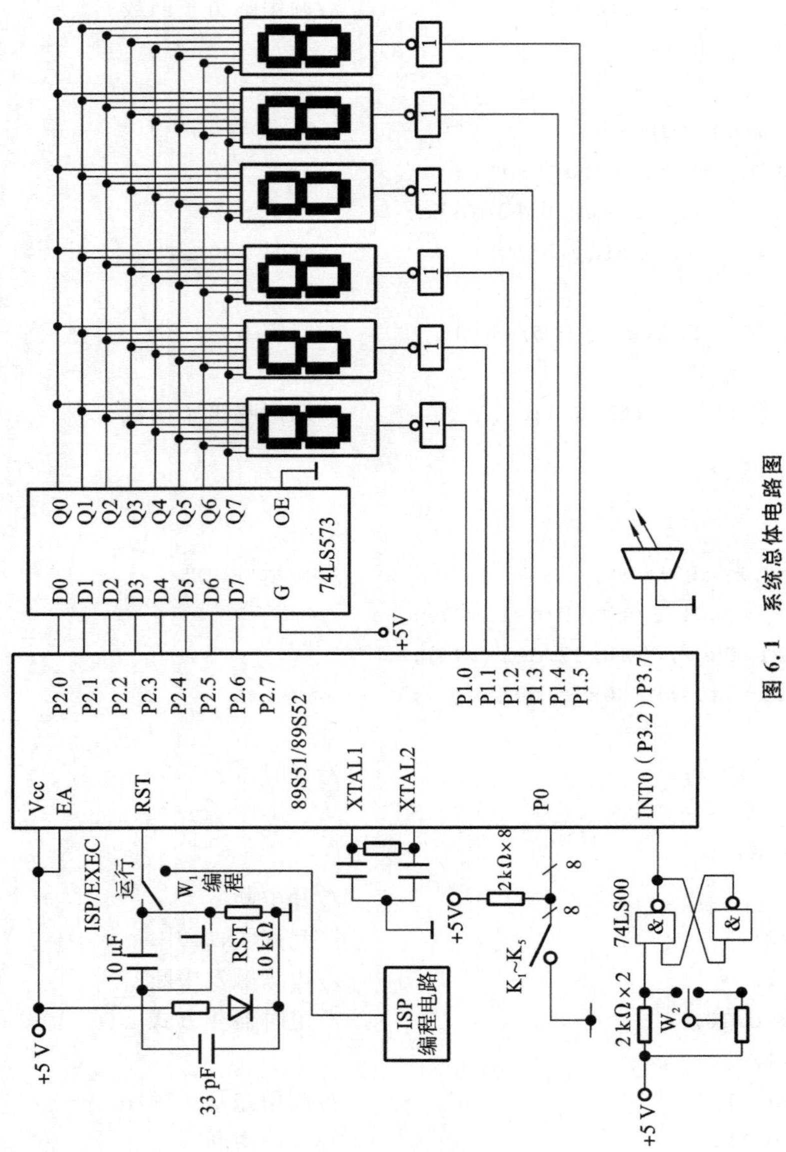
Q0
Q1
Q2
Q3
Q4
Q5
Q6
Q7
OE
D0
D1
D2
D3
D4
D5
D6
D7
G
74LS573
+5V
1
Vcc
EA
RST
89S51/89S52
XTAL1
XTAL2
P0
INT0（P3.2）P3.7
P2.0
P2.1
P2.2
P2.3
P2.4
P2.5
P2.6
P2.7
P1.0
P1.1
P1.2
P1.3
P1.4
P1.5
ISP/EXEC
运行
W_1
编程
10 μF
RST
10 kΩ
+5 V
33 pF
ISP
编程电路
2 kΩ×8
8
K_1~K_5
74LS00
&
2 kΩ×2
W_2

图 6.1　系统总体电路图

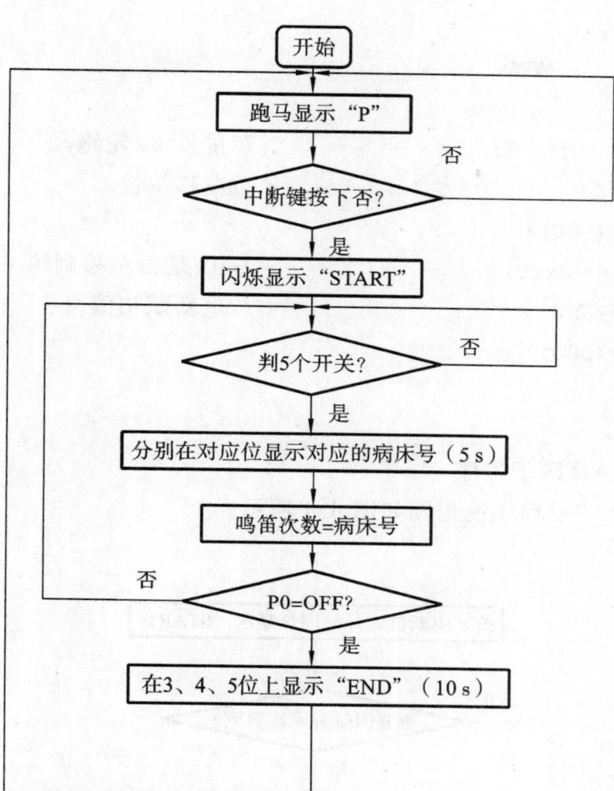

图 6.2　系统总体程序流程图

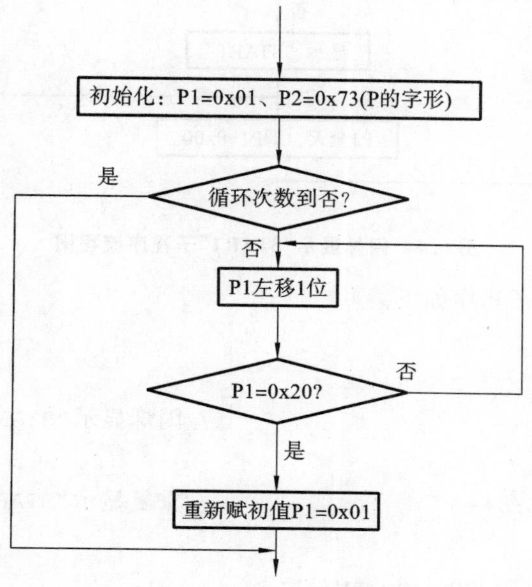

图 6.3　跑马子程序流程图

```
void  paoma( )
{   P1=0x01;
    P2=0x73;
    for(o=0;o<60;o++)                              //重复 60 轮跑马
    {     P1<<=1;                                  //左移 1 位
          delay(500);
          if(P1==0x20)                             //P1 是否左移到第 6 位
             P1=0x01;                              //重新赋初值
          delay(500);
    }
}
```

2）闪烁显示“START”子程序

闪烁显示“START”子程序流程图如图 6.4 所示。

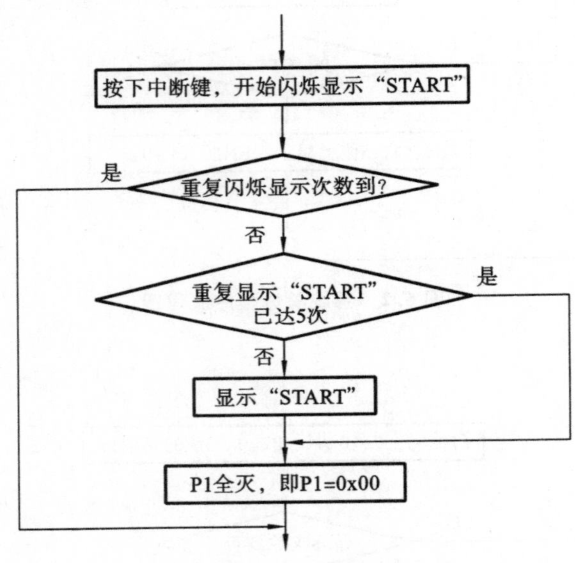

图 6.4　闪烁显示“START”子程序流程图

闪烁显示“START”子程序如下。

```
void  shanshuo( )
{
 for(g=0;g<100;g++)                              //闪烁显示"START"100 次
    {
     for(q=0;q<5;q++)                            //重复显示"START"5 次
      {
        P1=0x01;P2=0x6d;delay(1);
        P1=0x02;P2=0x07;delay(1);
```

```
      P1=0x04;P2=0x77;delay(1);
      P1=0x08;P2=0x77;delay(1);
      P1=0x10;P2=0x07;delay(1);
    }
   P1=0x00;
   delay(1);
  }
}
```

3) 开关判断子程序

开关判断子程序流程图(以开关 K_1 和 K_2 为例,K_3 至 K_5 依次类推)如图 6.5 所示。

开关判断子程序如下。

```
P0=0xFF;
while(P0!=0x0FF)                  /*检测开关 k1~k5 是否为全 1,如是不为
                                    全 1,则检测每一位开关*/
{
    if(k1==0)                     //检测开关 k1
    {
        for(u=0;u<5;u++)
        {
        P1=0x01;P2=0x06;
        delay_5(10);
        }
        for(z=0;z<1;z++)          //控制喇叭响 1 声
        {
          laba( );
        }
    }
     if(k2==0)                    //检测开关 k2
     {
          for(u=0;u<5;u++)
          {
              P1=0x02;P2=0x5b;
              delay_5(10);
          }
          for(z=0;z<2;z++)        //控制喇叭响 2 声
          {
              laba( );
          }
```

```
    }
    if(k3==0)                          //检测开关 k3
    {
        for(u=0;u<5;u++)
        {
        P1=0x04;P2=0x4f;
           delay_5(10);
        }
        for(z=0;z<3;z++)               //控制喇叭响 3 声
        {
            laba( );
        }
    }
    if(k4==0)                          //检测开关 k4
    {
        for(u=0;u<5;u++)
        {
            P1=0x08;P2=0x66;
            delay_5(10);
        }
        for(z=0;z<4;z++)               //控制喇叭响 4 声
        {
              laba( );
        }
    }
    if(k5==0)                          //检测开关 k5
    {
        for(u=0;u<5;u++)
        {
            P1=0x10;P2=0x6d;
            delay_5(10);
        }
        for(z=0;z<5;z++)               //控制喇叭响 5 声
        {
            laba( );
        }
      }
}
```

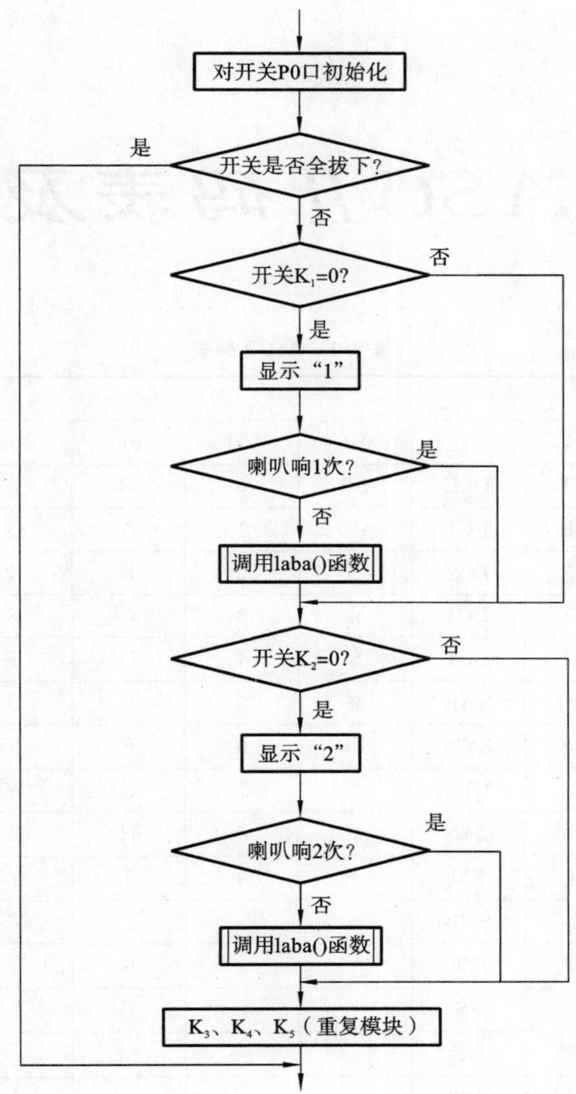

图 6.5　开关判断子程序流程图

5. 系统检测与调试

（1）硬件电路检测与调试。

（2）软件各功能模块的调试。

（3）总调试。

6. 心得体会

____

____

____

____

附录 A　ASCⅡ码表及含义

表 A-1　ASCⅡ码表

低位		高位							
		000	001	010	011	100	101	110	111
0	0000	NUL	DLE	SP	0	@	p	、	p
1	0001	SOH	DC1	!	1	A	Q	a	q
2	0010	STX	DC2	"	2	B	R	b	r
3	0011	ETX	DC3	#	3	C	S	c	s
4	0100	EOT	DC4	$	4	D	T	d	t
5	0101	ENQ	NAK	%	5	E	U	e	u
6	0110	ACK	SYN	&	6	F	V	f	v
7	0111	BEL	ETB	′	7	G	W	g	w
8	1000	BS	CAN	(	8	H	X	h	x
9	1001	HT	EM	)	9	I	Y	i	y
A	1010	LF	SUB	*	：	J	Z	j	z
B	1011	VT	ESC	+	；	K	[	k	{
C	1100	FF	FS	，	<	L	\	l	|
D	1101	CR	GS	—	=	M	]	m	}
E	1110	SO	RS	.	>	N	↑	n	～
F	1111	SI	US	/	?	O	←	o	DEL

注：表中 ASCⅡ码表中 0～31 的字符为控制字符，ASCⅡ码表中 32～127 的字符为可打印字符。

表 A-2　ASCⅡ编码字符含义表

字　符	含　义	字　符	含　义	字　符	含　义
NUL	空格、无效	FF	走纸控制	CAN	作废
SOH	标题开始	CR	回车	EM	纸尽
STX	正文开始	SO	移位输出	SUB	减
ETX	本文结束	SI	移位输入	ESC	换码
EOT	传输结束	DLE	数据键换码	FS	文字分隔符

续表

字　符	含　义	字　符	含　义	字　符	含　义
ENQ	询问	DC1	控制设备1	GS	组分隔符
ACK	应答	DC2	控制设备2	RS	记录分隔符
BEL	报警符	DC3	控制设备3	US	单元分隔符
BS	退一格	DC4	控制设备4	SP	空间(空格)
HT	横向列表	NAK	否定	DEL	作废
LF	换行	SYN	空转同步		
VT	垂直列表	ETB	信息组交换结束		

附录 B ANSI C 标准的关键字及用途

表 B-1 ANSI C 标准的关键字及用途

关键字	用途	说明
auto	存储种类声明	用于声明局部变量,默认值
const	存储种类声明	在程序执行过程中不可修改的变量值
extern	存储种类声明	在其他程序模块中声明了的全局变量
static	存储种类声明	静态变量
register	存储种类声明	使用 CPU 内部寄存器的变量
break	程序语句	退出最内层循环体
case	程序语句	switch 语句中的选择项
else	程序语句	构成 if…else 选择语句
for	程序语句	构成 for 循环语句
continue	程序语句	转向下一次循环
default	程序语句	switch 语句中的失败选项
do	程序语句	构成 do…while 循环结构
goto	程序语句	构成 goto 转移结构
if	程序语句	构成 if…else 选择结构
switch	程序语句	构成 switch 选择结构
while	程序语句	构成 while 和 do…while 循环结构
return	程序语句	函数返回
enum	数据类型声明	枚举
int	数据类型声明	基本整型数
long	数据类型声明	长整型数
char	数据类型声明	单字节整型数或字符型数据
float	数据类型声明	单精度浮点数
short	数据类型声明	短整型数

续表

关键字	用　途	说　明
signed	数据类型声明	有符号数,二进制数的最高位为符号位
double	数据类型声明	双精度浮点数
struct	数据类型声明	结构类型变量
typedef	数据类型声明	重新进行数据类型定义
union	数据类型声明	联合类型数据
unsigned	数据类型声明	无符号数据
void	数据类型声明	无类型数据
volatile	数据类型声明	声明该变量在程序执行过程中可被隐含地改变
sizeof	运算符	计算表达式或数据类型的字节数

附录 C　C 语言运算符优先级和结合性

表 C-1　C 语言运算符优先级和结合性

级别	类　别	名　称	运　算　符	结　合　性
1	强制转换、数组、结构、联合	强制类型转换	( )	从左至右（左结合）
		下标	[ ]	
		存取结构或联合成员	→或.	
2	逻辑运算符	逻辑非	!	从右至左右（右结合）
	字位运算符	按位取反	~	
	增量运算符	自增	++	
	减量运算符	自减	--	
	指针	取地址	&	
		取内容	*	
	算术运算符	单目减	-	
	长度计算符	长度计算	sizeof	
3	算术运算符	乘	*	从左至右（左结合）
		除	/	
		取余	%	
4	算术和指针运算	加	+	
		减	-	
5	位运算符	左移	<<	
		右移	>>	

续表

<table>
<tr><th>级别</th><th>类　　别</th><th>名　　称</th><th>运 算 符</th><th>结 合 性</th></tr>
<tr><td rowspan="4">6</td><td rowspan="6">关系运算符</td><td>大于等于</td><td>>=</td><td rowspan="12">从左至右
（左结合）</td></tr>
<tr><td>大于</td><td>></td></tr>
<tr><td>小于等于</td><td><=</td></tr>
<tr><td>小于</td><td><</td></tr>
<tr><td rowspan="2">7</td><td>恒等于</td><td>==</td></tr>
<tr><td>不等于</td><td>!=</td></tr>
<tr><td>8</td><td rowspan="3">字位运算符</td><td>按位与</td><td>&</td></tr>
<tr><td>9</td><td>按位或</td><td>|</td></tr>
<tr><td>10</td><td>按位异或</td><td>^</td></tr>
<tr><td>11</td><td rowspan="2">逻辑运算符</td><td>逻辑与</td><td>&&</td></tr>
<tr><td>12</td><td>逻辑或</td><td>||</td></tr>
<tr><td>13</td><td>条件运算符</td><td>条件运算</td><td>?:</td></tr>
<tr><td rowspan="2">14</td><td rowspan="2">赋值运算符</td><td>赋值</td><td>=</td><td rowspan="2">从右至左右
（右结合）</td></tr>
<tr><td>复合赋值</td><td>OP=</td></tr>
<tr><td>15</td><td>逗号运算符</td><td>逗号运算</td><td>,</td><td>从左到右
（左结合）</td></tr>
</table>

参考文献

[1] 李群芳.单片微型计算机与接口技术[M].5版.北京:电子工业出版社,2015.

[2] 应俊.51单片机原理与应用实验指导[M].西安:西安电子科技大学出版社,2013.

[3] 张齐.单片机原理与应用系统设计——基于C51的Proteus仿真实验与解题指导[M].北京:电子工业出版社,2010.

[4] 韩彩霞,张胜男,邹静,等.单片机原理及应用[M].武汉:华中科技大学出版社,2020.

[5] 张培仁.基于C语言编程:MCS-51单片机原理与应用[M].北京:清华大学出版社,2003.

[6] 林国汉.单片机原理与应用[M].3版.北京:机械工业出版社,2017.